日本雞尾酒

Japanese Cocktail / Rising Kansai

關西崛起

作者 洪偉傑

推薦序

我曾受英國一家出版社委託，前往京都撰寫旅遊指南。在此之前，我對京都一無所知，但很快地，我愛上了這座城市。

京都是世界上最偉大的飲酒城市之一，一間間精緻華美的酒吧藏身在古色古香的巷弄裡。當時我心裡想，我得把京都所有酒吧都去一遍，而最好的那些酒吧則要一去再去。

在截稿日到來後又過了幾週，出版社催促我的郵件也越來越不客氣。最後，我交出一部足以讓我信服的旅遊指南，對京都的飲酒行程做了許多著墨。然而這帶來一些爭議，我收到的第一則書籍評論是這樣說的：「這是我買過最糟糕的旅遊指南，因為它給予世界遺產和城市中的每家小酒吧相同的文章量」。

很顯然的，撰寫這則評論的人一定不愛喝酒。對我來說，酒吧以及在酒吧裡遇見的人，是衡量一座城市的絕佳標準。

當我重返這座古都，一下飛機，第一個去的地方不是清水寺或金閣寺，而是 Bar Rocking chair。主理人坪倉先生將傳統町屋改建為酒吧，並提供溫暖而優雅的服務，以及無可挑剔的飲品，這裡不只廣受觀光客喜愛，也是京都在地酒客的心之所嚮，若問他們最喜歡的京都酒吧，首先得到的答案經常會是 Bar Rocking chair。

因撰寫旅遊指南而在京都生活四個月後，我收到另一家出版社的邀約。他們正著手一本集結各國作家的文集，文集的題目為作家們各自生活的城市，我們要試圖證明自己所在的城市是最好的。出版社希望我為長久以來居住的東京撰文，但我對京都的愛，讓我義無反顧寫了這座城市。

在一位值得信賴的調酒師的推薦下，我拜訪了位在神戶的 BAR SLOPPY JOE，我和店主信原先生、調酒師中村先生聊了一晚上，我們花了很多時間討論威士忌蘇打和神戶式威士忌蘇打的差別，以及神戶式威士忌蘇打在不同城市的細微差異。這充分體現了我喜愛日本酒吧文化的原因：對細節的關注，致使一件簡單的事朝向極致。

2023 年，美國一家出版社邀請我撰寫日本最佳飲酒城市的文章，當時我選擇了大阪。

這是一座擁有逾三千家飲酒場所的城市，以總面積來看，約為十四個足球場的大小。當然，不是每一間酒吧都值得你花時間拜訪，但大阪所擁有的世界級酒吧非常多，我想這歸功於以幽默和食慾聞名的大阪居民。

連大阪人自己也不知道，這座城市曾短暫成為日本首都。神戶也是，約維持了六個月的首都光景。而京都正如其市民引以為豪的，曾作為帝國首都長達一千年之久。我在此想特別提及的，是奈良縣，日本最早形成的國家形態源自於此。

約從四世紀開始，該地區的領導人開始組成鬆散的聯盟。到了七世紀，該地區則成為兵家必爭之地，天皇、各式雄偉的佛教建築，以及近全國十五分之一的人口都在這裡。

當時首都的人們想與外地民族進行貿易，但不願讓其進入都內，因此沿著主要貿易路線——東海道——設立檢查站，這條檢查站道點便成為區分日本關西、關東地區的指標。

至今，關西為日本文化起源的假設，仍存在於大多關西居民心中，將東京為當今首都一事視為政治上的技術決定。我在東京生活了逾四分之一世紀，在這件事上，我同意關西人的觀點。

當本書作者洪偉傑告訴我，他正在寫一本以關西為主題的酒類書籍時，我是非常訝異的，因為東京才是普遍媒體工作者的首選。

在這擁有二千五百萬人口的地區裡，偉傑精挑細選出十三間酒吧，這幾乎是一項不可能的任務。從這十三間酒吧裡，你能看見關西調酒文化的多樣性，偉傑將傳奇調酒師的經典作品，以及頂尖咖啡調酒大師的創新配方都分享予你，你也能從書中了解一款由渡邊匠先生所創作，在國際上引起轟動的雞尾酒——Takumi's Aviation。

除此之外，本書亦是一本優秀的飲酒指南，儘管涵蓋的地域遼闊，然而往返任兩家酒吧的最長車程只需要八十分鐘。更重要的是，這本書展示了各個城市的酒吧亮點，而沒有任何一處無聊的世界遺產。

50 Best Bars Academy 日本區主席 Nicholas Coldicott

序言

我仍然記得，我首度踏入那間位於大阪北新地的小酒吧——BAR BESO 時的情景。

當時我漫步在暈著霓虹燈光的街道上，夜生活獨有的繁華和喧鬧充盈其中。也許是第一次一個人身在國外的緣故，其實我害怕極了，這裡的語言、文化和環境，都與我熟悉的世界大相徑庭。

而後我隨著招牌，步入酒界前輩特別推薦給我的酒吧，一股溫暖又親切的氛圍隨即將我包圍。店內的裝潢雅緻而溫馨，讓我稍稍地放鬆、安心下來，在這既熟悉又陌生的環境中，我感覺自己的不安正逐漸消散。

最讓我感到驚喜的，莫過於店主佐藤先生的熱情接待。我原以為，日本酒吧的氛圍較為嚴肅，因此感到些許的戰戰兢兢，然而佐藤先生充滿了活力且非常友好，讓我放下了緊張的情緒。

我坐上吧台位置，毫不猶豫地點了作為招牌的 Gimlet。佐藤先生活潑的調酒手法讓我目不轉睛，他的每個動作都展現了自信與技巧，我著實心生敬佩。

那杯美味的 Gimlet 一入口，清新的香氣旋即在口中綻放，僅此一口，即讓我對日本調酒文化更加著迷，而那一刻，便是我展開日本酒吧之旅的起點。

往後，隨著我在日本旅遊、留學和工作，造訪了日本各地無數間酒吧，每間酒吧都給予我獨特而珍貴的飲酒體驗。

說來有趣，儘管我在東京留學，但關西與我有著奇妙的不解之緣。

由於書寫《日本雞尾酒：渡邊匠與金子道人的創作哲思》一書，我在渡邊先生與金子先生所在的奈良生活了一段時間。身在日本的古都奈良，我對日本的歷史和文化有了更深的了解，也從渡邊先生與金子先生身上，得到調酒技藝的啟發，二位也為我未來的道路提供了指引，著實為我的人生導師。

之後有幸至藤井隆先生經營的酒吧 CRAFTROOM 實習，在其亦師亦友的相處與指導下，舒緩了我在異國工作的緊張心情，而大阪客人的熱情態度，也讓我充分體會這座城市的溫暖情調。

而開始實習和工作後，我來到了神戶，一座有著異國風情，美麗而獨特的港口城市，Kobe Highball 這杯酒，正是在其開放的酒吧文化下誕生的產物，我非常喜歡。

除此之外，神戶的地理位置，為我遊歷大阪和京都等地的酒吧提供了便利性，讓我能將更多的時間和精力，投注在探索、體驗和理解關西雞尾酒文化上。

說了這麼多，其實只是想分享關西酒吧的美好，這裡有我初次探訪日本酒吧的回憶，也為我開啟了前進日本雞尾酒世界的大門。

無論您是一位旅遊者、調酒愛好者，亦或是對日本關西地區抱有興趣的讀者，我衷心希望這本書能成為您的嚮導，或者給予您一些啟發。若您能體會到我在這片美麗土地上所享受到的樂趣和驚喜，那正是我所期盼的。

作者 洪偉傑

CONTENTS

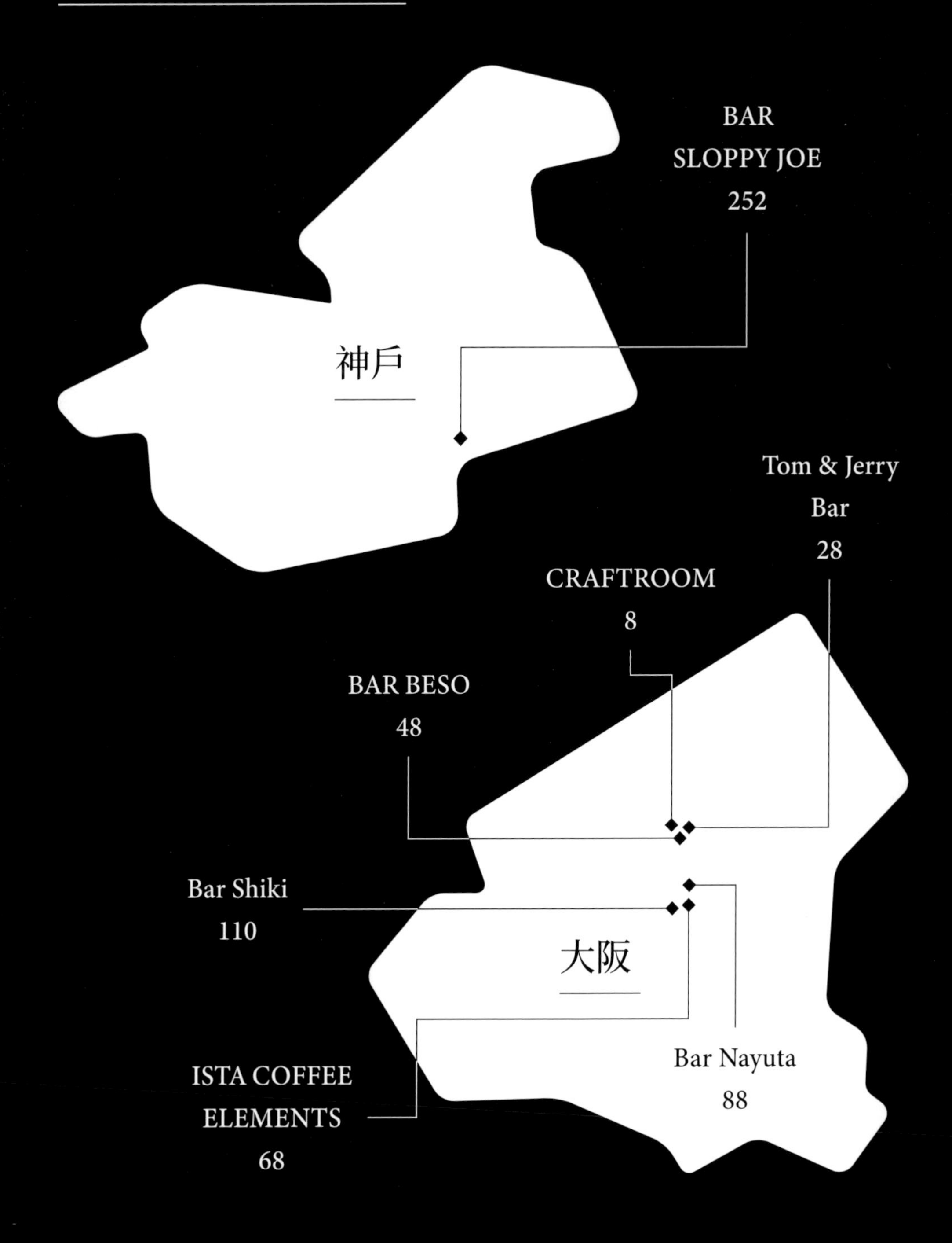

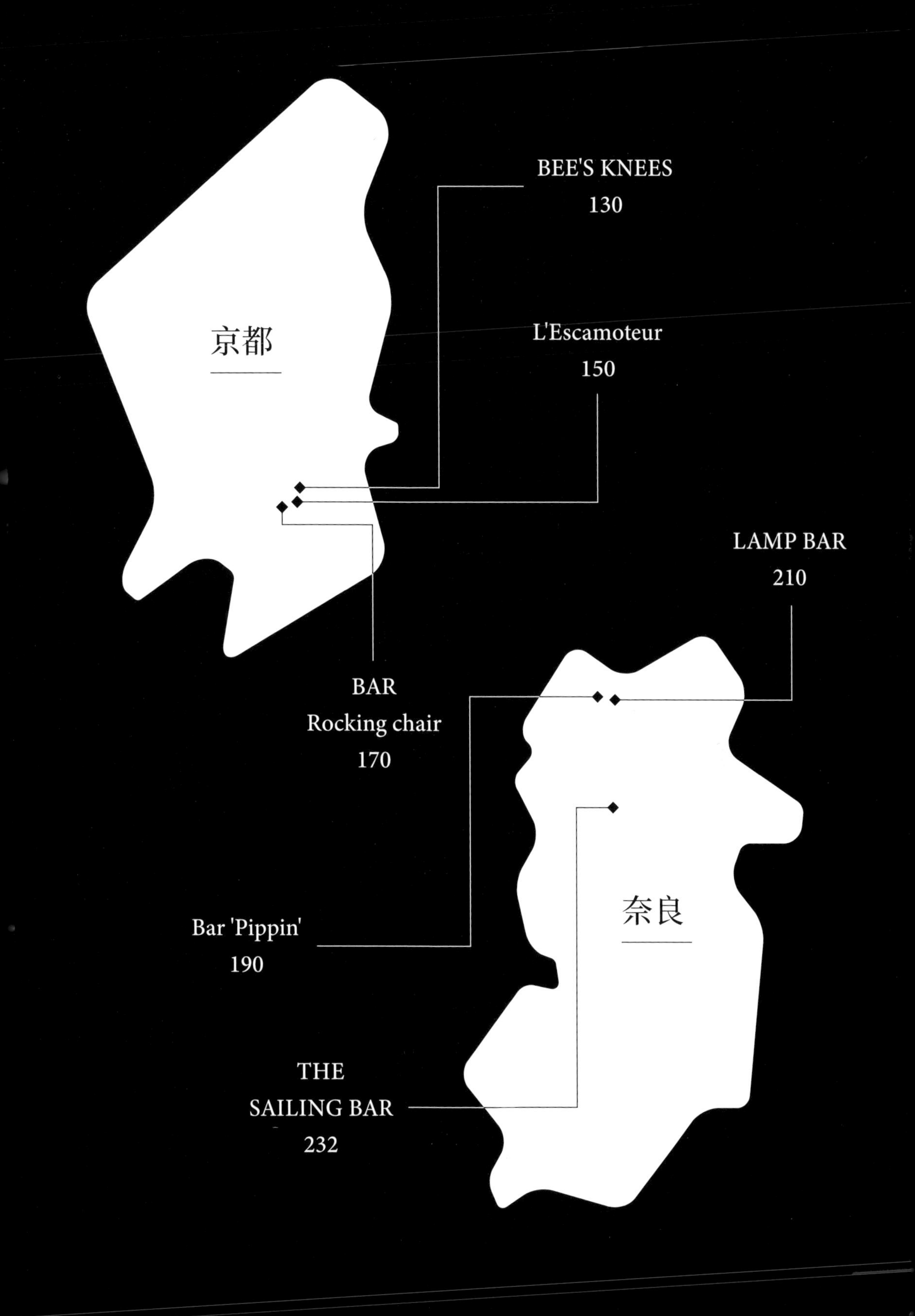

BEE'S KNEES
130
京都
L'Escamoteur
150
LAMP BAR
210
BAR
Rocking chair
170
奈良
Bar 'Pippin'
190
THE
SAILING BAR
232

CRAFTROOM

1776
RYE
REBEL
100
MORRISON BOWMORE
Medal
YNAR
RICETTA ORIGINALE

ROE & CO
Distille
Medal
Blended Whiskey
MICHTERS
Kobo Gi
Goslin

Fujii Ryu
藤井隆

二十歲時開始其調酒師生涯，任職於位在神戶與姬路的酒吧，在 2006 年來到大阪的 Bar K，擔任調酒師一職逾十四年，期間修畢新加坡的優秀調酒師課程（IBA 協會的 E.B.C. 課程），迄今累積了二十年調酒資歷。

2016 年，於 World Class 調酒比賽中拔得頭籌，以日本冠軍的身份與全球五十六位調酒師競爭，於舉辦在邁阿密的世界賽中獲得亞軍，

2020 年九月，於大阪梅田開設 CRAFTROOM，同時在國內外各大調酒比賽中擔任評委，積極參與各地的雞尾酒研討會，並以調酒活動策劃者及客座調酒師的身份，活躍於世界各地。

無論做什麼，都要樂在其中！

說來好笑，最初會踏進酒吧工作，是因為我覺得調酒師這個職業特別酷，既帥氣又受女生歡迎，可以喝酒還能賺錢，沒有比這更棒的工作了吧？當時我就是這麼想的，不瞞大家說。

然而直到現在，我仍堅信「快樂」是最重要的。如果自己不樂在其中，又如何讓面前的客人感到快樂呢？

因此在 CRAFTROOM，我們每個人都享受著調酒和探索、設計風味的樂趣，也將這份喜悅分享和傳遞給顧客，所以整間店充滿了歡樂的氣氛。

OBAN
Distiller's Medal
Blended Whisky
JIM BEAM
Bouflard
CRAFTROOM
ESTD 1779
BOWMORE
DISTILLED
AGED 12 YEARS
Grand Marnier

關於手作，以及 CRAFT

從小時候開始，我就特別喜歡手工藝，喜歡什麼事都自己動手試試，因此也興起了自己打造一間酒吧的想法，並決定以「CRAFTROOM」為店名。

從調酒內使用的自製材料、店內提供的手作甜點，以及以金工進行修復的杯具，在 CRAFTROOM，處處都能看見我和夥伴們對手工的堅持。

透過對食材的層層解析，以及長年累積起的調酒經驗，我們將從世界各地吸取而來的靈感轉化為杯裡的風味，並以最大化食材的優點為目標，致力於創造能充分展現，甚至超越其原有美味的產品，而這就是我們展現「CRAFT」的方式。

「如果自己不樂在其中，又如何讓面前的客人感受到快樂呢？」

30

LOUIS ARMSTRONG : THE COMPLETE HOT FIVE AND HOT SEVEN RECORDINGS
PORFIDIO
100% BLUE AGAVE
JALISCO
12AU7
12AU7
POWER
PHONES
L — LINE3 — R
TRV-88SER-VT
VACUUM TUBE INTEGRATED AMPLIFIER
VOLUME
MAX
INPUT SELECTOR
PHONO
LINE1
LINE2
LINE3

關於 CRAFTROOM

CRAFTROOM 是一間小巧的酒吧，在 2023 年榮獲亞洲最佳五十大酒吧第 62 名。

店名中的「CRAFT」是「工藝、手工製作」的意思，而一切從「0」開始製作，就是 CRAFTROOM 的特點，也是我的堅持。

店徽是以眼鏡圖案的箱子，以及調酒器具結合而成，而眼鏡圖案的箱子代表著「我的房間」，也就是 CRAFTROOM 中的「ROOM」。 CRAFTROOM 就是我的家、我的房間，這裡陳設我喜歡的酒款和物品，以其向客人述說故事之餘，我也希望走進來的人能感受到賓至如歸。像來到朋友家般輕鬆自在，是我想帶給客人的感受。

直到現在，我家——也就是 CRAFTROOM——仍不斷地升級。隨著眼界和經驗的擴展，以及設備的更新，我相信每次到訪，客人都能擁有不同的體驗。

我喜歡喝酒，在自己家中和親朋好友敘敘舊、小酌一杯，是我最理想的生活，而 CRAFTROOM，就是我理想生活的實踐之地。

Creator: 藤井隆

MOSAIC

45mL White rum

15mL Jasmine kombucha

10mL Banana & cloves shrub

15mL Guava juice

20mL Soda

Fermented tomato foam

Garnish: Banana sheet & Mint

將蘇打水以外的材料放入雪克杯中，加入冰塊以拋擲法混合酒液，倒入雞尾酒杯中，於杯中放入冰塊後，倒入蘇打水並輕輕攪拌，於液面擠上發酵番茄泡沫，以香蕉片和薄荷為裝飾物。

Jasmine kombucha

於1公升水中，加入40克的茉莉花茶葉，靜置1小時後過濾，加入100克砂糖，待糖完全溶解後，加熱至40度，並放入1塊紅茶菌，靜置2日，過濾即完成，後冷藏保存。

Banana & cloves shrub

將500克的香蕉、500克砂糖、10顆丁香以及800毫升蘋果醋放入鍋中，以80°C加熱一小時，靜置冷卻至常溫後，過濾即完成。

Fermented tomato foam

將3顆新鮮番茄切片後，混合以7克的鹽，靜置3天，將其擠壓成汁並過濾，並取其100毫升，混合以5克卵磷脂以及10毫升糖漿，以氣泡機製成泡沫。

Banana sheet

將製作 Banana & cloves shrub 後剩餘的香蕉桿平，使其乾燥即完成。

這杯清爽的雞尾酒裡，有三種不同的酸度來源，康普茶、醋和芭樂帶來的果酸。

風味上的有趣之處，在於品嚐一口，就可以感受到茉莉花茶、芭樂和香蕉的風味在口裡綻放，是如同馬賽克般多彩而富有層次的口感。

Creator: 藤井隆

BEE'S GIFT

30mL Vodka infused with white tea

15mL Gin infused with bee pollen

15mL WAKA High Proof Hajime

10mL Lychee honey water

15mL Lemon juice

1 dash Cardamon bitters

將所有材料放入雪克杯中，加入冰塊以搖盪法混合酒液，經雙重過濾，倒入雞尾酒杯中。

Vodka infused with white tea
於 750 毫升的伏特加中，加入 20 克白茶，靜置 1 日後，過濾即完成。

Gin infused with Bee pollen
於 750 毫升的琴酒中，加入 20 克花粉，用力搖盪以混合兩者後，靜置 1 日，以咖啡濾紙過濾即完成。

Lychee honey water
將 100 毫升的荔枝蜂蜜和 100 毫升的水混合即完成。

我造訪台灣的蜂園時，品嚐到一款美味的荔枝蜂蜜，以其為風味主軸，結合花粉和台灣白茶，創造出一款述說蜂蜜故事的雞尾酒。

Creator: 藤井隆

GRASS HOPPER

20mL Get 27 Mint liqueur

25mL White cacao liqueur

10mL Whole milk

20mL Double cream

將牛奶與重乳脂鮮奶油放入雪克杯中，以手動攪拌棒攪拌至發泡，再依序加入薄荷利口酒及白可可利口酒，放入 3 顆中型冰塊，以搖盪法混合酒液，經雙重過濾，倒入雞尾酒杯中。

透過解析經典調酒 Grass Hopper 的結構和特性，我找到了調製 Grass Hopper 的完美解答。

秘訣在於，如製作蛋糕般處理鮮奶油的手法，以及擺盪幅度大卻柔軟的搖盪手法，待酒液冷卻至適當溫度後，即可停止搖盪，不需過分搖盪導致冰塊造成多餘融水。

以上述方法調製的 Grass Hopper，有著牛奶般的絲滑口感，以及如同蛋糕般的蓬鬆感，風味明亮又易飲。

LINA-LOOL

45mL Milk-washed mezcal & dry gin

15mL Italicas

20mL Grapefruit juice

5mL Lime juice

5mL Lemon juice

Garnish: Candied lemon zest

將所有材料放入雪克杯中，加入冰塊以搖盪法混合酒液，經雙重過濾後，倒入馬丁尼杯中，以糖漬檸檬皮為裝飾物。

Milk-washed mezcal & dry gin

於 350 毫升、70°C 的牛奶中，加入 500 毫升琴酒、500 毫升 Mezcal、60 毫升檸檬汁及 3 克鹽，輕輕攪拌，以咖啡濾紙過濾後即完成。

酒名 LINA-LOOL，取自萜烯類化合物，芳樟醇，而酒的風味正如這天然的有機化合物，充滿令人感到放鬆的花香和柑橘調性。

KALIMOTXO

40mL Laphroaig 10y

10mL WAKA High Proof Itsuki

10mL Coke cordial

Wine

冷飲：
將紅酒以外的材料放入雞尾酒杯中，加入冰塊以攪拌法混合酒液，倒入紅酒，輕輕攪拌即完成。

熱飲：
將所有材料混合，加熱至 70°C，倒入雞尾酒杯中。

Coke cordial

將 1 個萊姆的皮、1 個檸檬的皮、1 個柳橙的皮、2 根肉桂、1/2 茶匙乾橙皮粉 、1 茶匙芫荽籽、1/4 茶匙黑胡椒、1/2 茶匙肉荳蔻、1 公升的水、500 克糖及 1/2 匙香草精放入鍋中，以 70-80°C、不至沸騰的溫度加熱 1 小時，靜置冷卻至室溫後，以過濾布過濾。將各 1 顆萊姆、檸檬及橘子榨汁後，加入液體中即完成，冷藏保存。

改編自一杯西班牙的經典雞尾酒 Kalimotxo。

在可樂和紅酒的材料結構上，加以揉合 Laphroaig 的煙燻泥煤香氣，以及 WAKA High Proof Itsuki 的木質調性，是一杯隨著季節冷暖，可調整其品飲溫度的酒飲。

BITTER END

45mL Bourbon

15mL Cynar

5mL Rose water

10mL Coconut water

1 dash Abbott's Bitters

Gainish: Candied blackberry

將所有材料放入攪拌杯中，加入冰塊以攪拌法混合酒液，倒入雞尾酒杯中，以糖漬黑莓為裝飾物。

以波本威士忌、Cynar 和苦精創造複雜的細緻苦味，並以玫瑰與椰子，為酒增添一絲花香和醇釀的口感。

ETHIOPIAN NIGHT

40mL Reposado tequila

20mL Whey cold brew Ethiopian coffee

15mL Lemongrass cordial

1 dash Vanilla bitters

1 spray Absinthe

將所有材料放入雪克杯中，加入冰塊後以拋擲法混合酒液，倒入紅酒杯中，放入一顆大冰後，噴灑上艾碧斯。

Whey cold brew Ethiopian coffee
於 500 毫升的乳清中，加入 100 克衣索比亞咖啡粉，攪拌均勻後，放入冷藏進行冷萃即完成。

Lemongrass cordial
將 1 公升的水及 200 克檸檬草放入攪拌器中，攪拌均勻後，以咖啡濾紙過濾，加入 500 克砂糖及 5 克檸檬酸，混合即完成。

這杯咖啡雞尾酒充分展現了衣索比亞咖啡的風味特徵。

Tom & Jerry Bar

KNOB

HENDRICK
HENDRICK
GIN

Tanaka Shuichi
田中秀一

出生於長崎縣。2002 年，在大阪知名酒吧 Bar K 開始了調酒師的修行，於松葉道彥先生的嚴謹訓練下，打下了紮實的調酒基礎。而後在 2009 年到了倫敦，見習於以先進調酒技術聞名的 Montgomery Place。

2015 年，Tom & Jerry Bar 展店於大阪北新地，其雞尾酒結合了倫敦創新的調酒風格，以及日式雞尾酒的縝密與細緻，交融東、西方雞尾酒文化的精彩之處，呈現予每一位走進 Tom & Jerry Bar 的客人。

給客人最好的照顧

作為一名調酒師，我所思考的，是如何讓眼前的客人感到滿足，僅此而已。

為了達成這個目標，我該做些什麼？可以做的實在太多了，精進自己的酒類知識、鑽研調酒技術，當然，酒吧空間的清潔也非常重要。

最重要的，是謹記調製雞尾酒予客人的意義。酒能成為良藥，也能是毒藥，身為調酒師，應讓面前的客人感覺身處酒吧喝酒是幸福的，要給客人的，必須是最好的照顧。

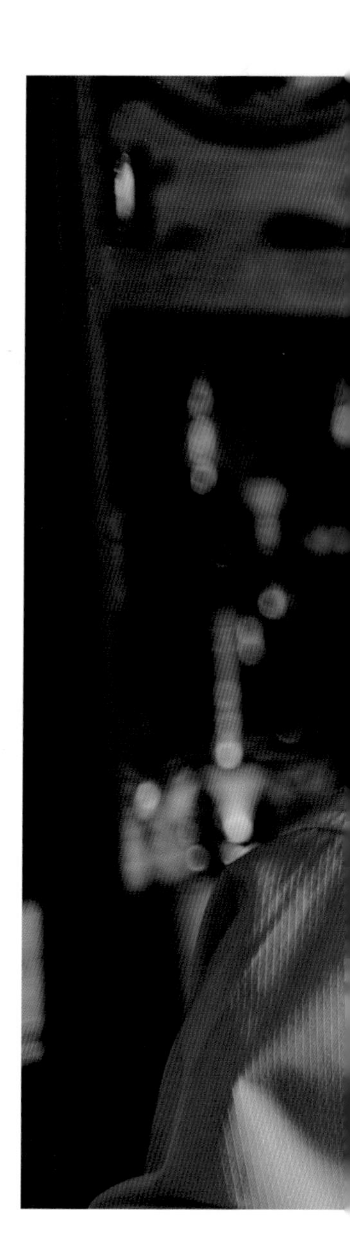

東西雞尾酒文化的衝擊與調和

我在 Montgomery Place 工作時，深刻體會到日式酒吧與西方酒吧的不同。

有次客人請我推薦一杯好喝的雞尾酒，而我端出一杯經典調酒給他。我能看出他的表情透露著失望，儘管那是一杯十分美味的經典調酒。因為他所想要的，是一杯蘊含特別理念的自創調酒，那是當時倫敦流行的飲酒風格，我之後才恍然大悟。

作為調酒師，必須隨著時代變化而做出應對和改變，這也是一種磨練，激勵自己不斷學習新知和精進技術。

PLEASE PLEASE ME · THE BEATLES
THE BEATLES
Banks
DonJulio
BLANCO

「身為調酒師，必須與時俱進，才能端出
讓客人滿意的雞尾酒。」

COCKTAIL LANE

關於 Tom & Jerry Bar

打開門扉，英國維多利亞風格的磚造空間中，閃著亮光的銅製蒸餾器首先抓住目光，整體氛圍溫暖而莊嚴。

如果喜歡 007，那就點一杯 James Bond 鍾愛的 Vesper 吧！你能發現迴盪空間的音樂也變成了 The Beatles、Queen 等英式搖滾樂。

Tom & Jerry Bar 的酒單為一本圖集小冊子，介紹有四十種以英國為發源地的雞尾酒，提供十九世紀以前的大航海時代，英國人航行在東印度洋時所創造的飲品，如香料酒（Punch）和格羅格（Grog），以及我受英國文化薰陶創作的創意雞尾酒。店內亦提供各式經典調酒、威士忌以及適合純飲的烈酒品項。

Creator: 田中秀一

44 NEGRONI

30mL Dry gin

15mL Sweet vermouth

15mL 44 Campari

將所有材料放入裝有冰塊的古典杯中，以攪拌法混合酒液。

44 Campari
將嵌入 44 顆咖啡豆的橘子放入 500 的毫升 Campari 中，靜置 44 天後即完成。

改編以經典調酒 Negroni，是一杯有著咖啡香和橙香的 Negroni。

Creator: 田中秀一

GREEN FIELDS FOREVER

40mL Hakushu

40mL Green tea flavored water

5mL Yuzukosho liqueur

Garnish: Kinome

將所有材料放入雪克杯中，加入冰塊後以拋擲法混合酒液，倒入放有冰塊的窄口雞尾酒杯中，放置於枡上呈現，以山椒葉為裝飾物。

Green tea flavored water
將綠茶蒸餾即完成。

融合出產自森林的白州威士忌以及綠茶，是一杯能充分感受到綠意的清爽雞尾酒。

寿

Creator: 田中秀一

THE BEST PARTNER

40mL Kavalan Gin

20mL Lemon juice

2 tsp Yuzu marmalade

Egg white

Sansho

蛋白打發後，將所有材料放入雪克杯中，加入冰塊後以搖盪法混合酒液，倒入雞尾酒杯中，撒上切碎的山椒粉。

完美融合台灣的噶瑪蘭琴酒，以及出產自日本的柑橘和香料的香氣，是一杯令人耳目一新的清爽雞尾酒。

SOUTHERN GRACE

30mL Arak

10mL Cachaça

30mL Pineapple juice

10mL Cacao vinegar

5mL Simple syrup

將所有材料放入雪克杯中，加入冰塊後以搖盪法混合酒液，倒入雞尾酒杯中。

以兩款出產自南國的烈酒為主軸，加入香甜的鳳梨，以及使用可可果肉製成的醋，是一杯充滿熱帶風情的美味調酒。

BLESSINGS OF WOODLAND

40mL Kanomori Gin

15mL Amaretto

Rose water

2 dashes Cocktail Bitters No. 1

Garnish: Cinnamon stick

將所有材料放入雪克杯中，加入冰塊後以拋擲法混合酒液，連同冰塊一起倒入古典杯中，放上肉桂棒。

Rose water
將 10 公克的玫瑰花瓣放入 1 公升的水中，蒸餾至總液量為 500 毫升即完成。

香之森琴酒以日本特有的香草製作而成，以其為基酒並點綴上苦味，創造出讓品飲之人感受到森林恩惠的味道。

NICE BRITS FLIP

30mL Dry gin

15mL Black tea liqueur

60mL Ale beer

5-6 Raspberry

將所有材料放入雪克杯中，並搗碎莓果，加入冰塊後以拋擲法混合酒液，倒入雞尾酒杯中。

結合自古以來就深受英國人喜愛的三種元素：琴酒、紅茶以及艾爾啤酒，有著富有層次且美好的苦味。

MOMMY & BRUNCH

30mL Apple brandy

10mL Aokage Mugi Shochu

5mL Caramel syrup

80mL Hot water

1 tsp Cultured butter

Garnish: Cinnamon stick

將熱水及發酵奶油放入耐熱玻璃器皿中攪拌。將肉桂棒以外的材料以火加熱後，倒入放有熱水和發酵奶油的耐熱玻璃器皿中，以攪拌法混合酒液，倒入雞尾酒杯中，放上肉桂棒。

酒上桌時，不妨拿起酒杯，將鼻尖湊近嗅聞，一股剛烤好的蘋果派般的香氣將撲鼻而至。

BAR BESO

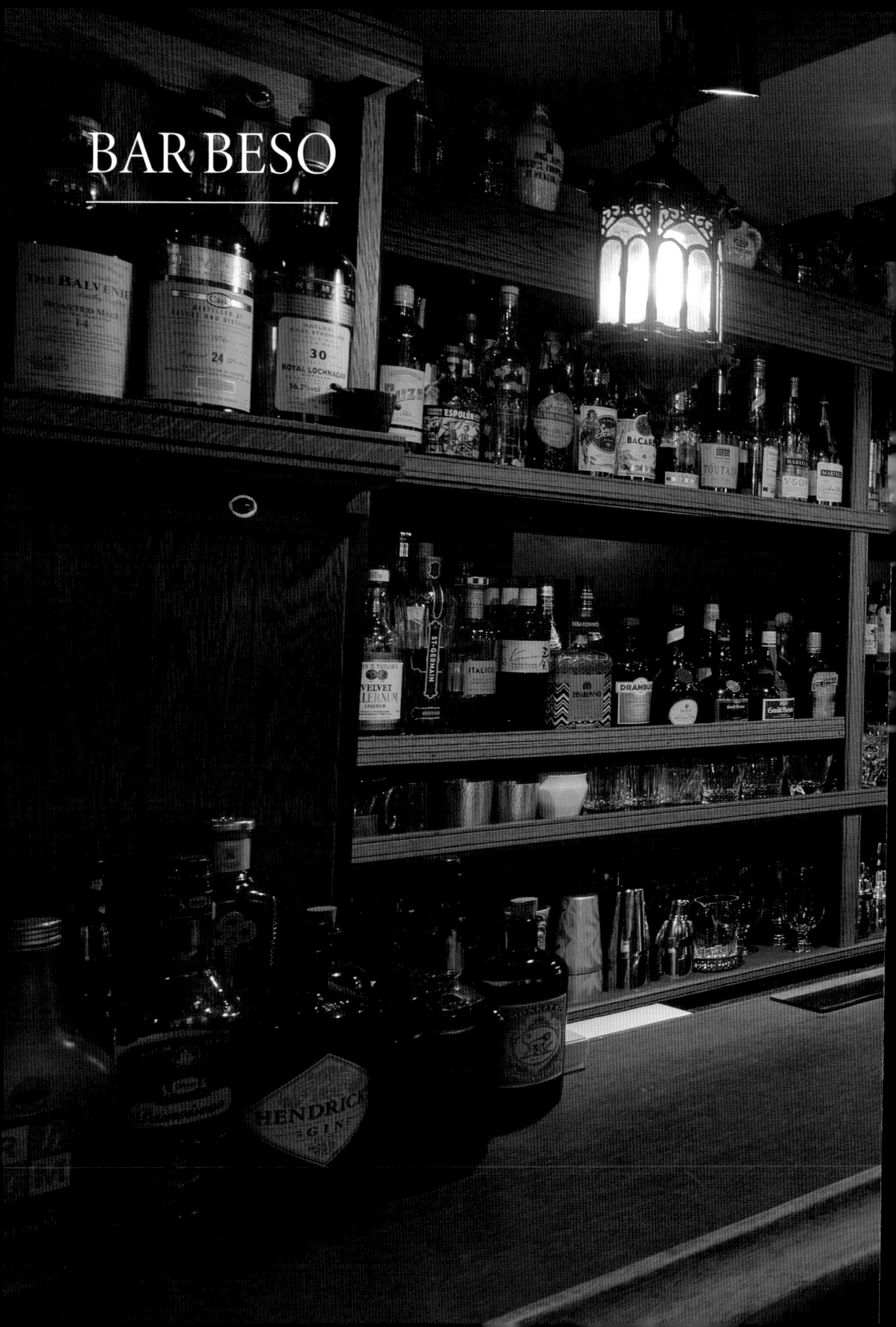

HAIG
余市

Sato Shoki
佐藤章喜

出生於兵庫縣神戶市，在鹿兒島縣奄美大島長大，調酒資歷已有三十三年。曾任日本調酒師協會 NBA（Nippon Bartenders Association）技術研究部長，以及全國認證評審，現為 BAR BESO 以及 BESO ISLA 的經營者。

2001 年，於三千名優秀的調酒師中脫穎而出，獲選為 Suntory Cocktail 年度代表調酒師，並在 2013 年至 2015 年陸續參加國內外調酒比賽，先後在五場賽事中獲得日本冠軍，並以日本代表的身份，三度參與世界大賽。其旗下弟子亦於世界調酒賽事中拔得頭籌，榮獲日本以及世界冠軍。

簡單是一種考驗

其實在一開始，調酒師是我的兼職工作，我的本職是一名髮型設計師。

在我剛當上調酒師時，有位常客總是點 Sidecar，他告訴我說，他希望每次喝到的 Sidecar，都比上次喝到的更加好喝。這是他給我的課題，當然，我也不負他的期待，每次都做出能讓他稱讚的酒，這激勵了我許多。

為此，我不斷探尋讓雞尾酒變得更加美味的方法，最終發展出屬於自己的調酒哲學。

真正需要想像力的，往往是那些極其簡單的雞尾酒。而越是「不麻煩」的雞尾酒，往往越考驗調酒師的能力，對我來說，那十分具有挑戰的價值。

MARTELL
VSOP

對每位客人的細心體察

我創作雞尾酒的方式，是先構思成品的樣貌，像是風味、色彩呈現以及冰塊和杯子的選用，然後再挑選匹配其樣貌的材料，而對時令的感受，是我在選擇食材時特別琢磨的地方。

BAR BESO 經常提供即興創作的雞尾酒，我從以往累積起的飲食經驗中汲取靈感，調製每一杯客製化雞尾酒。對我來說，這是永遠的課題，因為每天面對的客人都不一樣，儘管是同一名客人，對方每次踏進酒吧的心情和狀態也會不同，因此，調酒師必須在每個當下都端出符合其心意的雞尾酒。

「創作雞尾酒最好的方式，就是日積月累的經驗。」

余市
宮城峡
PRODUCED BY
ウイスキー

關於 BAR BESO

BAR BESO 是一間只有十七個座位的小酒吧，座落在大阪北新地中心一間住商混合大樓的一樓，創業至今已二十三年。

店內沒有菜單，以各式經典調酒和水果雞尾酒聞名，其中，經典調酒經過別具匠心的改編，是只有在 BAR BESO 才能品嚐到的美味。在調製每一杯雞尾酒的過程中，會考慮到客人的年齡、背景以及飲酒習慣，努力創造符合其口味和喜好的雞尾酒。

以來自世界各地的食材、香料與調味料入酒，在雞尾酒的基本架構上，加之以創意和日積月累的調製經驗，將雞尾酒的風味提升至新的境界。

Creator: 佐藤章喜

D'ARTAGNAN

50mL Saint Vivant Armagnac

8-10mL Marie Blizzard Anisette

30mL White grapefruit juice

8-10mL Monin Passion Fruit Syrup or Homemade passion fruit syrup

White grapefruit peel

Garnish: Black olive

將白葡萄皮以外所有材料放入雪克杯中，加入冰塊以搖盪法混合酒液，經雙重過濾倒入雞尾酒杯中，噴灑上白葡萄皮油。

Homemade passion fruit syrup

將 1 公斤時令百香果以及 1 公斤精製砂糖放入鍋中, 並加熱以 30°C，待砂糖融化後，靜置冷卻即完成，放入冰箱保存即可。務必將溫度精準控制在 30°C，以維持酸度及色澤。

這是我在 2005 年參加日本調酒師協會的比賽時，獲得優勝的雞尾酒作品。

以三劍客故事中，法國加斯科涅地區的領主 d'Artagnan 為名，並以出產自加斯科涅的雅馬邑白蘭地為基酒。

相較於同為白蘭地調酒的 Sidecar，這杯酒的調性更加優雅且深厚，橙皮香氣為酒帶來無比清新的滋味。

我認為 d'Artagnan 是一杯不會消逝的雞尾酒，即使我不存在這世界上了，這杯酒的酒譜也會被保留下來，並永恆地流傳下去。

Creator: 佐藤章喜

LEMON CHARLEY

50mL La Blanche de Christian Drouin Eau de vie de cidre infused with Japanese lemon peel

20mL Japanese lemon juice

15mL Homemade Japanese lemon syrup

Japanese lemon peel

將所有材料放入雪克杯中，加入冰塊以硬式搖盪法混合酒液，經雙重過濾倒入雞尾酒杯中，噴灑上日產檸檬皮油。

La Blanche de Christian Drouin Eau de vie de cidre infused with Japanese lemon peel
將3顆日產檸檬皮去除白色纖維部分，切成細條狀，放入700毫升 Christian Drouin Eau de vie de cidre 中，靜置3日，經上下搖晃、混合均勻後即完成，常溫保存即可。

Homemade Japanese lemon syrup
將500毫升日產檸檬汁及500公克精製砂糖放入鍋中，加熱以30°C，待砂糖融化後，靜置冷卻即完成，放入冰箱保存即可。務必將溫度精準控制在30°C，以維持酸度及色澤。

這杯酒的獨特風味來自於自製的日本檸檬糖漿，擁有清新的香氣和酸度，讓整杯酒如同汲滿酒精的橙皮一般，集力度、酸度和甜度於酒中，濃郁的油脂香氣帶來味覺上的驚艷。

Creator: 佐藤章喜

MANHATTAN

70mL WhistlePig 10y

20mL Mancino Vermouth Rosso Amaranto

10mL Carpano Antica Formula

1 drop Angostura Bitters

Lemon peel

Orange peel

Garnish: Griottines cherry

將檸檬皮、柳橙皮以外的所有材料放入攪拌杯中，加入冰塊以攪拌法攪拌 70 至 100 圈，倒入冰鎮過的雞尾酒杯中，以櫻桃為裝飾物，噴灑上檸檬皮油及柳橙皮油。

調製 Manhattan 最重要的，就是在基酒中添加進適當的甜味、苦味以及深度。

我選用兩款不同調性的香艾酒，賦予其具黏稠度卻絲滑的口感，並創造出悠長尾韻，讓酒閃耀著光澤，如同液體狀的天鵝絨一般。

GIMLET

60mL Tanqueray London Dry Gin

10mL Homemade lime syrup

20mL Fresh lime juice

Sugar powder

Lime peel

將所有材料放入雪克杯中，加入冰塊以硬式搖盪法混合酒液，倒入冰鎮過的雞尾酒杯中，灑上萊姆皮油。

Homemade lime syrup

將500毫升墨西哥產萊姆汁及500公克精製砂糖放入鍋中，以30°C進行加熱，待砂糖融化，靜置冷卻即完成，放入冰箱保存即可。

調製Gimlet時，有兩個特別要注意的地方，一是確保酒液在搖盪過程中達到零下6度以下的溫度，二是甜味的掌握，必須使其與酸度和風味深度達到平衡。

我所製作的萊姆糖漿，奠基於我多年的調酒經驗，成為形塑風味的關鍵要素。

我視調製Gimlet的方法與訣竅為商業機密，一般來說，僅透露予接受我指導和培訓的對象，今次特別在此與眾讀者分享。

SIDECAR

20mL Martell Cordon Bleu

30mL Martell VSOP

20mL Cointreau

10mLFresh lemon juice

Lemon peel

Orange peel

將所有材料放入雪克杯中，加入冰塊以搖盪法混合酒液，經雙重過濾倒入雞尾酒杯中，噴灑上檸檬皮油及柳橙皮油。

我以兩款不同的白蘭地調製Sidecar。以VSOP為骨架，賦予其堅實的基調，Martell Cordon Bleu則帶來柔順和高雅的風味。

酒裡的甜味來自Cointreau，日產檸檬汁提供溫和的酸度，並勾勒出柑橘皮油的苦味，最後以檸檬和柳橙皮的香氣，為整杯酒畫上完美的句點。

Creator: 佐藤章喜

GIN TONIC

45mL Beefeater Gin 47%

125mL Schweppes tonic water

2 Lime twist

將長冰放入冰凍過的高球杯中，直接注入琴酒後，輕輕倒入通寧水，灑上一片萊姆皮的皮油，並於酒液中放入另一片萊姆皮。

許多日本調酒師都是從 Gin Tonic 開始學習調酒的，從對基酒、甜度、酸度和香氣的控制，以及通寧水和二氧化碳氣體強度的掌握，酒液冷卻程度的拿捏也十分重要。

Gin Tonic 是各式雞尾酒以及風味的基礎，是學習調酒的重要基礎與起點。

NEGRONI

40mL No.3 London Dry Gin

20mL Campari

20mL Mancino Vermouth Rosso Amaranto

10mL Carpano Antica Formula

Orange peel

將柳橙皮以外的所有材料放入攪拌杯中，加入冰塊以攪拌法攪拌 70 至 100 圈，倒入冰鎮過的古典杯中，並放入柳橙皮。

以琴酒的風味為主軸，揉合帶有苦味的 Carpano 及有清新甜味的 Mancino，兩款風格各異的香艾酒交織出複雜而細膩的口感，風味優雅且餘韻悠長。

ISTA COFFEE ELEMENTS

Patente
di caffe
MONIN
Certificate

Nozato Fumiaki
野里史昭

距今二十年前，開始其咖啡師職業生涯，並在 2010 年，於大阪的本町開設 Bar ISTA。

除了咖啡師的身份，亦於職業學校擔任教師逾十五年，同時提供菜單開發及培訓的服務，也是各大餐飲競賽中的評審，以及客座咖啡師和調酒師。

積極參與各式餐飲競賽的他，2018 年在 World Coffee Battle 贏得 Signature Champion。

以「結合咖啡廳與雞尾酒吧」為概念，在 2021 將 Bar ISTA 翻新為 ISTA COFFEE ELEMENTS，一家以「充分品味咖啡」為核心的咖啡、雞尾酒吧，提供自家烘焙咖啡以及各式咖啡雞尾酒。

2023 年，成為第一位獲得 World Class 調酒比賽冠軍的咖啡師，並於世界賽中名列第八。

嚐盡其滋味

我是一名咖啡師，也是一名調酒師。

為顧客提供咖啡，以及使用咖啡製作卡布奇諾、摩卡等各式調飲的過程中，我發覺其中有許多可能性。

首先，咖啡產業不斷有變化，新的咖啡品種和萃取技術日新月異，這意味著客人能享受、品飲的咖啡種類愈來愈廣。

而後我踏入調酒領域，透過將咖啡元素放入酒裡，我發現這能擴展咖啡的風味，也為消費者提供不同的咖啡品飲體驗。

自那時起，我積極在咖啡和調酒領域穿梭，致力於推動兩方產業的技術、原料以及人才交流，至今仍為此不斷努力著。

一加一大於二

ISTA COFFEE ELEMENTS 是個特別的存在，模糊——或者說融合——了酒吧和咖啡廳的界線。

調酒和咖啡都是十分有吸引力的產業，若能將兩者巧妙結合，我相信彼此將相得益彰，擁有更廣闊的發展空間，這是 ISTA COFFEE ELEMENTS 之所以存在的理由。

無論是體會咖啡莊主精心栽種、烘焙和萃取的咖啡，或是享受咖啡在雞尾酒中成為主角的樂趣，亦或是品嚐自家烘焙咖啡擁有的深度和奢華風味，在 ISTA COFFEE ELEMENTS，我們樂意為客人提供美妙的飲品及消費體驗。

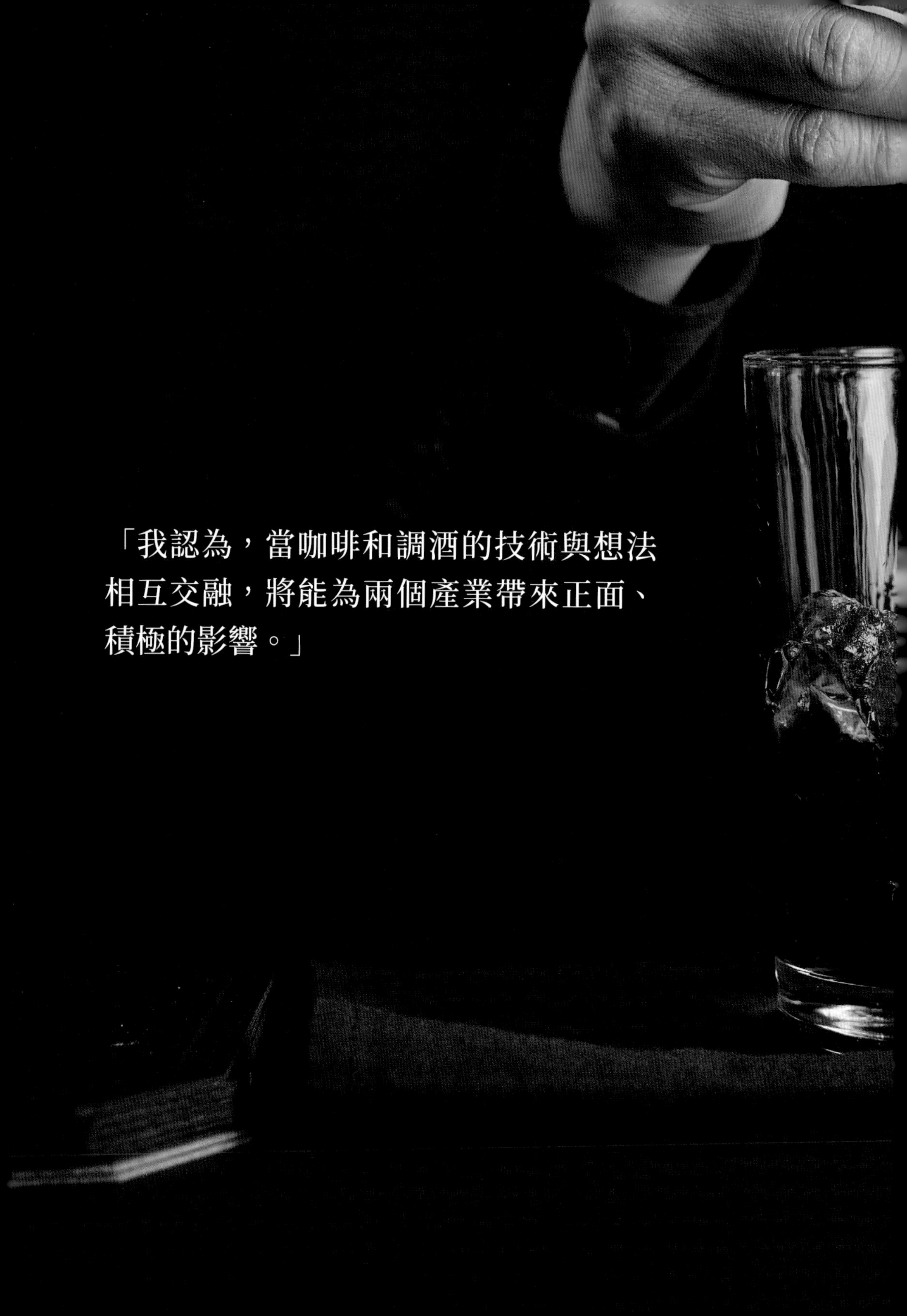

「我認為，當咖啡和調酒的技術與想法相互交融，將能為兩個產業帶來正面、積極的影響。」

AIR FLOW CONTROL
THROUGH ROASTING DRUM
50/50
THROUGH COOLING BIN
IR-GAS
Made in Sandpoint, Idaho U.S.A.
STOP
ALARM
E-STOP RESET
PILOT ONLY
AIR
GAS
DRUM
BLOWER
GAS
AGITATOR
RESET
NEVER LEAVE THE ROASTER UNATTENDED WHILE IN OPERATION

關於 ISTA COFFEE ELEMENTS

當你走入融合現代和經典風格的店內空間，亮晃晃的濃縮咖啡機首先映入眼簾，後方整齊擺放著精選的酒款及玻璃杯，而量體十足的咖啡焙煎機則位在空間最底處。

根據客人的喜好及當天的心情，為其調製一杯最合適的飲品，是我在 ISTA COFFEE ELEMENTS 秉持的理念，並致力於創造獨一無二的咖啡體驗。

以「品味咖啡」為核心，提供各式創意咖啡飲品，你能在這裡品嚐到嶄新、獨特的飲品，充分體會咖啡的各種可能性。

請隨著自身的心情和喜好，在 ISTA COFFEE ELEMENTS 享受獨一無二的品飲時光。

Creator: 野里史昭

ELEMENT

30mL Cognac

90mL Coffee

10mL Monin Rose syrup

10mL Monin Raspberry syrup

60mL Cream

3mL Campari

0.5g Color powder

3mL Raspberry syrup

將鮮奶油打發，平分在兩個容器中，於其一個加入 Campari 及食用色素粉末，並攪拌均勻。將白蘭地、咖啡、玫瑰和覆盆子糖漿放入攪拌杯中，倒入冰鎮的雞尾酒杯中，並將兩種鮮奶油，以相同速度自雞尾酒杯的兩側倒入，以覆盆子糖漿進行裝飾。

這是 ISTA COFFEE ELEMENTS 的招牌雞尾酒，以濃郁果香及易飲的口感為特點，外觀也十分別緻。

品飲時，三種不同的風味漸次浮現，讓這杯酒品嚐起來特別有趣，希望能藉此讓更多人了解咖啡調酒的魅力。

Creator: 野里史昭

ISTA LEMONADE

40mL Ketel One Vodka

12mL Honey

20mL Water

15mL Lemon juice

15mL Monin Osmanthus syrup

20mL Coffee

15mL Cranberry juice

將咖啡和蔓越莓汁以外的材料放入攪拌杯中，加入冰塊以攪拌法混合酒液，再倒入裝有冰塊的雞尾酒杯中。於攪拌杯中加入咖啡和蔓越莓汁，加入冰塊以攪拌法混合兩者，緩緩倒入雞尾酒杯中，使其浮於酒液上方。

這是一款將美國 lemonade 以 ISTA 風格進行演繹的雞尾酒。

品飲時，咖啡和蔓越莓的融合帶來類似葡萄酒的風味，接著與金木犀檸檬水的清香合而為一，味道複雜多變，是店裡的人氣酒款，這杯酒亦能調製為無酒精飲品。

Creator: 野里史昭

DOUBLE WORLD

20mL Tanqueray No. TEN

15mL Homemade dry vermouth

20mL Bulleit Bourbon

35mL Homemade sweet vermouth

將威士忌和甜香艾酒放入攪拌杯中，加入冰塊以攪拌法混合酒液，倒入冰鎮過的雞尾酒杯中。將琴酒和不甜香艾酒放入另一攪拌杯中，加入冰塊以攪拌法混合酒液，倒入雞尾酒杯中，使其漂浮在酒液上。

Homemade dry vermouth

將 100 毫升白酒、1 克接骨木花、1 克咖啡花、1 克小荳蔻及 5 克砂糖放入鍋中，煮沸至液體量減半，加入 5 克砂糖，攪拌至糖完全溶解，冷卻即完成。

Homemade sweet vermouth

將 100 毫升紅酒、50 毫升蔓越莓汁、10 毫升雪莉酒、2 克肉桂、2 克茴香及 2 克蘗鼠李放入鍋中，煮沸至液體量減半，加入 20 克砂糖，攪拌至糖完全溶解，冷卻即完成。

這是一款結合了調酒之王馬丁尼，以及調酒之后曼哈頓的雞尾酒。入口後，首先是帶有柑橘清香的馬丁尼風味，然後漸漸轉變為曼哈頓的甜美滋味，並透過現代調酒手法，讓酒的口感十分易飲。

請盡情享受這呈現了咖啡與調酒結合的 Double World。

MAKING STORY

30mL Cognac

30mL Coffee

20mL Hoshiko Plum liqueur

20mL Cascara syrup

10mL Amaretto

1 Red round ice

將冰塊以外的材料放入攪拌杯中，加入冰塊以攪拌法混合酒液，倒入放有紅色圓冰的雞尾酒杯中。

Red round ice
將水與覆盆子糖漿以 8 : 1 的比例混合，放入圓形模具，冷凍至結為冰塊即完成。

咖啡是一種農產品，從生產到成為一杯消費者面前的飲品，需要經過許多人的努力。

這杯酒即是從咖啡製程獲得靈感，分解並以各式材料詮釋咖啡收穫時的味道、種子的味道、加工後的味道、烘焙的味道以及萃取的味道，以風味述說咖啡的歷程與故事。

此外，當紅通通、咖啡櫻桃狀的冰塊融化時，味道會隨之改變，跟著時間，飲者將體會到各種不同風味。

RIKYU

30mL Ron Zacapa No. 23

40mL Espresso

15g Bean paste

10mL Cream

10mL Sugar syrup

2g Matcha powder

1g Lecithin

60mL Hot water

混合抹茶、卵磷脂和熱水，以茶筅攪拌，並以氣泵注入空氣，製出抹茶泡沫。將濃縮咖啡和紅豆餡放入調酒壺中，紅豆餡融化後加入蘭姆酒、奶油、糖漿，加入冰塊以搖盪法混合酒液，倒入竹杯中。將抹茶泡沫、竹杯和茶筅置於盤上呈現。

Rikyu 以日本茶文化為主題，是我首次參加世界咖啡調酒大賽時創作的酒款。

我希望飲者能感受到優質日本食材和濃縮咖啡的結合，且藉由飲者自行將抹茶泡沫加入到雞尾酒中，並以茶筅攪拌，得到如身在日本沖泡抹茶的體驗。

KOUYOU

40mL Apricot brandy

15g Apricot jam

5g Honey

2g Coffee leaf

170g Hot water

將杏桃白蘭地、果醬和蜂蜜放入瓷碗中並加熱。咖啡葉經烘烤後，放入耐熱容器中，注入熱水，沖泡 4 分鐘後過濾，倒入瓷碗中，攪拌均勻。

除了以「品味咖啡」為理念，ISTA 亦致力使用咖啡製程中產生的廢棄材料，像是咖啡的葉與花。而咖啡葉經烘烤後，帶有淡淡的水果香氣，是一股能讓身心靈感受到溫暖的味道。

AROMALOGY MARGARITA

40mL Don Julio Reposado

15mL Don Julio aroma syrup

20mL Don Julio citrus liqueur

4g Coconut MCT oil

1 spray Don Julio aroma liquid

將椰子油和 Don Julio Aroma Spray 以外的材料放入乳化機中，乳化後倒入雪克杯中，加入冰塊以搖盪法混合酒液，過濾後倒入冰鎮過的雞尾酒杯中，最後於液面噴灑上 Don Julio Aroma Liquid。

Don Julio aroma syrup
將 Don Julio Reposado 和 Nayuta Bitters 以 1:2 的比例混合即完成。

這是一款旨在呈現 Don Julio Reposado 獨特風味的雞尾酒。

將 Don Julio Reposado 以氣相色譜分析其香氣成分，並以增強主要香氣為手法所創作出的雞尾酒。

透過超微氣泡 (Ultra-Fine Bubble)，食材能在短時間內乳化，打造出前所未有的香氣和口感，是一杯充滿未來感的新式雞尾酒。

Bar Nayuta

Nakayama Hiro
中山寛康

Bar Nayuta 的主理人暨 DOTZ Inc. 的創辦人。他遊歷於日本各地，積極參與國內各式雞尾酒活動，並將自身的經歷與創意透過雞尾酒傳達予眾人。

於 2021 年起，擔任以 G'Vine Floraison Gin 和香艾酒聞名的 Maison Villevert 品牌大使。取得合法利口酒製造許可後，與日本五十多位調酒師合作展開自製苦精計畫，並著手撰寫苦精相關的酒類書籍。

Watanabe Yuki
渡邊裕紀

現為 Bar Nayuta 吧檯經理與首席調酒師。其調酒歷程自位於心齋橋的 shot bar 開始，之後在關西老字號餐酒館擔任調酒師，學習傳統日式餐館的服務之道，以及雞尾酒與料理間的風味搭配。

Bar Nayuta 以運用香草和香料而聞名的調酒風格吸引了他，於 2019 年，加入 Bar Nayuta 主理人中山寬康創立的 DOTZ Inc.，進一步鑽研香草和香料的應用知識及技術，並與國內外調酒師進行分享、學習。時至今日，他仍為來自世界各地的客人磨練與精進自己。

溫故知新

「溫故知新」是一句俗諺，也是我對自己的要求。

調酒是一門關於歷史的學問，身為調酒師，需日復一日從歷史中學習。

對我來說，經典調酒沒有所謂的時限，經過當代調酒師的調整和詮釋，經典調酒中得以呈現我們對酒的各式想像。

我以自製的浸漬酒款、苦精以及利口酒，充實我的雞尾酒創作，同時，也滿足消費者對雞尾酒風味的期待，一如歷史上所有調酒師所致力追求的。

中山寬康

「我每時每刻都在尋求嶄新想法和可能性，
以實踐在雞尾酒的創作上。」

LIFE IS SIMPLE.
TRAVEL OFTEN;
THINGS YOU CREATE WITH THE
GO OUT AND START CREATING
LIVE YOUR DREAM,
AND WEAR
YOUR PASSION.
THE FRESH SHAVE
FANGMORE
Rabbit's Foot
APOTHECARY
Bitters & Tinctures
Organic Product
ZWACK
UNICUM
SUPERLOST
RAMEN BEAST
ラーメン ビースト

關於 Bar Nayuta

調酒師就像夜晚的藥劑師，而 Bar Nayuta 以浸漬酒款和自製材料入酒的雞尾酒，滿足客人在生理與心理上對美味酒飲的需求。

真正美好的酒吧體驗，並不是藉由酒精用量的多寡，或是雞尾酒裡使用的新技術來達成。踏入酒吧的人需要的，是調酒師透過雞尾酒所傳遞的真實感受。

身為調酒師要做的，就是創作一杯杯美味酒飲予坐在眼前的客人，因此，日復一日調製精準且美味的雞尾酒，是調酒師應時刻謹記的基本原則。

Creator: 中山寬康

OLD FASHIONED

45mL Rye whiskey infused with osmanthus

15mL Ardbeg 10y

10mL Apple juice molasses syrup

1 dash Angostura Bitters

3-5 dashes Cocktail Bitters No. 1

Garnish: Orange peel & Burned cassia with sugar

將 1 至 2 滴 Cocktail Bitters No. 1 滴入古典杯中，並灌入炙燒櫻桃木煙霧。將所有材料放入攪拌杯中，加入冰塊以攪拌法混合酒液，於古典杯中放入大冰，再將酒液倒入古典杯中，噴灑上柳橙皮油，並以其為裝飾物。

Rye whiskey infused with osmanthus

將 4 克桂花放入裸麥威士忌中，靜置 3 至 7 天即完成。

這杯酒是店內的人氣酒款。以裸麥威士忌的風味為主軸，融合煙燻、蘋果與桂花的香氣，讓威士忌的味道更加明亮，是一杯別有韻味的 Old Fashioned。

Creator: 中山寬康

GIMLET

15mL Gin infused with lavender

30mL Gin infused with bay leaf

15mL Nayuta Gimlet Mix*

20mL Fresh lime juice

20mL Simple syrup

Fresh cucumber

Paprika or dill—any vegetable or herb you like!

Garnish: Cucumber slices, Burned bay leaf & Dehydrated lavender flower

將所有材料放入波士頓雪克杯的上杯中，並於下杯中灌入炙燒櫻桃木煙霧，加入冰塊以搖盪法混合酒液，經雙重過濾倒入雞尾酒杯中，以新鮮小黃瓜切片、炙燒月桂葉以及乾燥薰衣草為裝飾物。

Gin infused with lavender
將 4 克薰衣草放入琴酒中，靜置 3 至 7 天即完成。

Gin infused with bay leaf
將 4 克月桂葉放入琴酒中，靜置 3 至 7 天即完成。

* 見 **p. 110**。

在創作這杯 Gimlet 時，我腦海中想著蓊鬱的森林，想創造出帶有草本、花香調性的風味，以及醲醇豐厚的口感。

Creator: 中山寛康

BLOODY MARY

30mL Derrumbes Oaxaca

10mL Giffard Coconut Liqueur

7mL Fresh lime juice

3mL Nayuta spiced syrup*

30mL Tomato juice

15mL Nayuta Bloody Mary Mix*

15mL Clamato juice

Fresh dill

Cumin

Paprika

Cardamon

Garnish: Lime peel & Cumin

將所有材料放入波士頓雪克杯中並搗碎，加入冰塊以搖盪法混合酒液，經雙重過濾，連同冰塊一起倒入紅酒杯中，以萊姆皮及歐蒔蘿為裝飾物。

* 見 **p. 110**、**111**。

這是一款相當濃郁的雞尾酒，充滿了香料的辛辣香氣。

VINES & ALCHEMY

30mL G'Vine Nouaison Gin Reserve

15mL La Quintinye Vermouth Royal Blanc

15mL La Quintinye Vermouth Royal Rouge

10mL Chartreuse Verte

10mL Benedictine D.O.M

10mL Nayuta Perfumery Vodka*

3 dashes Angostura Bitters

Garnish: Lemon peel

將所有材料放入攪拌杯中，加入冰塊以攪拌法混合酒液，倒入裝有冰塊的古典杯中，以檸檬皮作為裝飾物。

* 見 **p. 111**。

我在這杯酒所施展的魔法相當簡單，就是將與法國有關的材料結合在一起。

ESPRESSO MARTINI

20mL Yasuda Imo Shochu

15mL Gin infused with lavender

2mL Giffard Passionfruit Liqueur

13mL Nayuta spiced syrup*

30mL Ethiopian coffee made with a moka pot

15mL Concentrated earl grey tea

Garnish: Burned coffee beans

將所有材料放入雪克杯中，加入冰塊以搖盪法混合酒液，經雙重過濾倒入雞尾酒杯中，以炙燒咖啡豆為裝飾物。

Gin infused with lavender
將 4 克薰衣草放入琴酒中，靜置 3 至 7 天即完成。

* 見 **p. 110**。

我想傳達「咖啡並不總是需要苦澀」的概念，因此創作這杯揉合了特別果香的 Espresso Martini。

Creator: 中山寬康

MARTINI

60mL G'Vine Floraison Gin

30mL La Quintinye Vermouth Royal Blanc

Coriander seed

Garnish: Grapefruit peel

將所有材料放入攪拌杯中搗碎材料，加入冰塊以攪拌法混合酒液，經雙重過濾倒入雞尾酒杯中，以葡萄柚皮為裝飾物。

Martini 是一杯耳熟能詳的雞尾酒，但大多人並不知道這是一杯什麼樣的酒。如果有客人第一次品嚐這杯酒，而調酒師在冰得不得了的琴酒裡加入一點點香艾酒，然後送上桌，我想客人品嚐過後，很有可能就不來酒吧喝酒了吧！

作為調酒師，我們需要調整飲品的風味，讓人能真正享受雞尾酒，因此這是一杯非常易飲的 Martini。

RUM & COKE

20mL Ron Zacapa No. 23

30mL Havana Club Añejo 3 Años Rum

10mL Smith and Cross

15mL Nayuta spiced syrup*

1/2 Lime

1 Brown sugar cube

2 dashes Angostura Bitters

Coke

Garnish: Dehydrated lime wheel

將可樂以外的所有材料放入雪克杯中搗碎材料，加入冰塊以搖盪法混合酒液，倒入雞尾酒杯中，注入可樂，以萊姆果乾為裝飾物。

* 見 **p. 110**。

當人們聽到 Rum & Coke 時，通常希望拿到一杯含有少量蘭姆酒及大量可樂的酒飲，但我想做一杯相反的調酒，因此混合了不同蘭姆酒以及各式香料，並加入柑橘元素，為酒增添一絲清新風味。

Nayuta Gimlet Mix

3L Vodka
5g Juniper berry
10g Bay leaf
2g Pine needles
2g Lemongrass
2g Rosemary
2g Sage
1g Basil
2g Black pepper
0.3g Oakmoss
1g Auris root
0.3g Spearmint
0.5g Osmanthus flower
0.5g Sichuan pepper
1g Vetiver
1g Patchouli
0.2g Sandalwood
0.1g Spikenard
1g Yuzu
1g Angelica root
0.1g Cardamom
0.5g Licorice root
0.3g Cassia
0.5g Allspice
2g Orange peel
1g Hiba
3g Rose Pedal

Nayuta Spiced Syrup

300g Water
2g Allspice
2g Cardamom
2g Cassia
2g Nutmeg
4g Coriander seed
1pt Star anise
1g Lavender
0.5g Spikenard

混合上述材料，再混合以等重量的砂糖即完成。

Nayuta Bloody Mary Mix

300mL Clamato juice
50mL Oyster sauce
25mL Olive oil
0.05g Sansho pepper
5g Seaweed salt
5mL Tabasco

Nayuta Perfumery Vodka

2.25L Vodka
0.5g May Chang
1g Lavender
2.5g Osmanthus flower
1g Frankincense
0.5g Basil
1g Lemongrass
1.5g Bay leaf
0.5g Sage
0.5g Sandalwood
1g Spikenard
2g Patchouli
1g Mace
2g Vetiver
1g Cassia
1g Cardamom

Bar Shiki

Keisuke Nakaichi
仲市敬佑

出生於名古屋，擁有葡萄酒侍酒師及 Rum Concierge 的身份。現於大阪南部經營 Bar 識 Shiki，亦為匈牙利經典藥草酒 UNICUM 的品牌大使。

直到彩虹盡頭的夢想

對我來說，酒吧像是彩虹盡頭般的存在，是一個迷人的夢想，永遠不會令人厭倦。

時至今日，我在酒類產業耕耘近二十年，但剛進入酒吧工作時，其實並不順利。當時我還未滿二十歲，有著滿腔的熱情和氣勢，然而年輕的我目光狹隘，曾被前輩說不適合當調酒師，這讓我消沉許久，也懷疑自己確信的志向是否正確。

Lagavulin 酒標上的一段話，一直支撐著我成為優秀調酒師的信念：「時間熄滅了火焰，卻留下溫暖。」我相信時間能讓我成長，所有磨練都會有回報，而我終將能站在如彩虹盡頭般、自己夢想中的酒吧裡，為坐在眼前的客人遞上一杯杯美味的雞尾酒。

UNICUM

無止盡的味覺探索

說來矛盾，酒吧一方面提供酒精飲品，一方面又要求酒客必須保持理性。若說理性是 1，而失去理性的狀態為 0，我想酒吧所提供的，又或是所追求的，就是存在這 0 與 1 之間美妙的平衡，這是其他物種和機器無法體會、理解的狀態。

我以「Mellow」稱呼那 0 與 1 之間的美妙平衡，對我來說，酒吧這個場域就是一種「Mellow」。我在雞尾酒裡也同樣追求「Mellow」，以不隨著時間推移而損害味道的深度為創作雞尾酒的主軸，期許品飲之人能擁有緩慢飄蕩的幸福感。

雞尾酒是非常特別的存在。世界上多數食物的味道是單純的，加工食品也是，以化學塑造而成的風味，通常能讓人直接聯想到其模仿的食物味道。然而雞尾酒是複雜的，一杯酒裡的風味、香氣與餘韻都變化多端，不能以看待加工食品的方式看待之。雞尾酒是立體的、可展開的，無法以單一種東西的味道進行定義。

「雞尾酒的可能性是無窮無盡的，如同思考沒有界線一般。」

Maggie's Collection
SPEYSIDE SINGLE MALT
SCOTCH WHISKY
AGED 10 YEARS
Tostada
THE PRAYER
FRIENDS of OAK
SINGLE MALT
SCOTCH WHISKY
CINZANO
ROSSO
UNICUM
BITTER

關於 Bar 識 Shiki

我認為，會隨著時間變化，以及不變的東西，各自擁有能打動人心的地方，因此人們欣賞會凋零的花朵，也有追求不滅的想望。

Bar Shiki 的室內裝潢以美好年代的法式復古風為主軸，吧檯後方同時擺放著古老的威士忌，以及各式新奇口味的利口酒。吧檯前方，是對雞尾酒充滿好奇的人們，我能從他們心中感受到某種溫暖的東西，而我為其遞上屬於他們的雞尾酒。這一切事物的聚集，讓 Bar Shiki 在夜晚裡亮起燈。

我稱這盞亮起的燈為「心」，我相信所有事物都擁有「心」，而我珍視著「心」。

之所以將酒吧取名為「識（Shiki）」，正是想表達我對所有事物的「心」的意識。我站在吧檯裡，每一天，為所調製的每一杯酒而努力，輕柔地、細緻地，不讓遞送給客人的酒產生任何一絲誤差。

在 Bar Shiki，你能享受緩慢流逝的時間之流，它會溫暖地拂過你，以及用多彩花朵和香料調製的美味雞尾酒。

如果我們尚未與彼此相遇，那麼我在這等待身處遠方而陌生的你，有一天能打開 Bar Shiki 的大門。

Creator: 仲市敬佑

EVERGREEN

30mL Green herbs liqueur

15mL Kaffir lime vermouth

15mL Lemon juice

10mL Rich syrup

50mL Green tea

15mL Club soda

1/2 tsp Meringue powder

Garnish: Bamboo leaf & Sumak

將 20 毫升的綠茶以及蛋白粉放入雞尾酒杯中，以攪拌棒打發後，直接注入剩餘 30 毫升綠茶以及其他材料，加入冰塊後倒入蘇打水，以竹葉和鹽膚木粉為裝飾物。

Green herbs liqueur

將 25 公克的綠茶茶葉葉放入 500 毫升的 Chartreuse Verte 中即完成。

Kaffir lime vermouth

將 20 公克的泰國檸檬葉放入 500 毫升的不甜香艾酒中，在 70°C 下浸泡 2 小時即完成。

這是我以自家農莊出產的茶葉製作而成的雞尾酒。

Creator: 仲市敬佑

REFLECTION

25mL Bergamot gin

10mL Lemongrass cordial

15mL Lemon juice

60mL Ginger beer

1 dash Lavender bitters

Garnish: Dried lime & Burned Bay leaf

將苦精滴入葡萄酒杯中，放入一顆冰塊。將薑汁啤酒以外的材料放入雪克杯中，加入冰塊以搖盪法輕輕混合酒液，倒入葡萄酒杯中，倒入薑汁啤酒，以萊姆果乾以及烘烤過的月桂葉為裝飾物。

Bergamot gin
將 150 公克的佛手柑放入 500 毫升的琴酒中即完成。

Lemongrass cordial
混合 500 公克的糖漿以及 260 毫升的水，以小火熬煮 10 分鐘，加入 15 公克檸檬草即完成。

這是 Bar Shiki 的提供給客人的迎賓酒，如 Gin Tonic 一般的酒款，味道十分溫柔，品飲時，就像在初夏花園裡吹拂著溫暖微風。

Creator: 仲市敬佑

THE CIRCLE

20mL Mellow spiced gin

10mL Holy wood Unicum

10mL Bigallet China-China

5mL Giffard Banane Du Brésil

15mL China horehound water

Garnish: Dried rose & Dried marigold

將所有材料放入古典杯中，加入冰塊以攪拌法混合酒液，以乾燥玫瑰花與乾燥菊花為裝飾物。

Mellow spiced gin
將 2 公克的蓽撥及 5 公克的藿香放入 500 毫升的琴酒中，靜置 14 天即完成。

Holy wood Unicum
將 7 公克的秘魯聖木放入 500 毫升的烏尼古草藥酒中，靜置 14 天即完成。

China horehound water
混合 500 毫升除去氣泡的 Fever Tree 通寧水以及 5 公克的歐夏至草，以小火熬煮 10 分鐘，過濾即完成。

改編自經典調酒 Negroni，卻沒有使用 Campari 和香艾酒，我想試圖營造一種沒有輪廓而持續擴展的圓和相互調和的風味印象。

SCHEHERAZADE

20mL Osmanthus rye whiskey

20mL Gran Classico Bitters

20mL Vermut de Capçanes

1 dash Wildrose bitters

5 Cardamom

搗碎小荳蔻，將所有材料放入攪拌杯中，加入冰塊以攪拌法混合酒液，經雙重過濾倒入雞尾酒杯中。

Osmanthus rye whiskey
將8公克金木犀放入500毫升裸麥威士忌中，靜置3天即完成。

Wildrose bitters
將5公克小荳蔻、1根肉桂棒、1片柳橙果乾、5公克藿香、10公克玫瑰花及200毫升的水，加入350毫升、酒精濃度96%的伏特加中加熱，後加入150公克糖、20公克黃檗及20公克玫瑰花，均勻混合於溶液後即完成。

改編自一經典調酒 Manhattan。靈感源自一個突發奇想：如果將《一千零一夜》以雞尾酒呈現會是什麼樣子？因此創作出這款讓人想到深藍月亮和沙漠夜晚的雞尾酒。

OLD FASHIONED

40mL Woodford Reserve Bourbon

3mL Riesling syrup

6 dashes Angostura Bitters

1 dash Abbott's Bitters

1 Orange peel

1 Cherry

將糖漿及安格仕苦精放入古典杯中，加入30毫升威士忌及無白色纖維的柳橙果皮，放入方形大冰以吧叉匙攪拌30圈後，倒入10毫升威士忌，再以吧叉匙輕輕旋轉1.5圈，讓酒的液面有如大理石般的紋路，並在冰面上滴上巴布苦精，將櫻桃浸入酒液。

Riesling syrup
混合500公克的糖、100毫升的麗絲玲葡萄酒以及200毫升的水，以小火熬煮10分鐘即完成。

有時候，單純的雞尾酒會有超越複雜風味的優點和美感，而正因其單純，調製時的順序，以及對風味平衡的掌控更為重要。

經過時間淬煉，雞尾酒的風貌也更具有深度，這杯 Old(Good) Fashioned 即是一杯自古典中重生的經典改編雞尾酒。

Creator: 仲市敬佑

INTERLUDE

20mL Unicum

10mL White peppermint liqueur

90mL Fine water

1 dash Juniper berry extract

將所有材料放入雞尾酒杯中，以吧叉匙上下攪拌，混和酒液並使空氣進入酒裡，加入冰塊，注入杜松子萃取物。

用烏尼古草藥酒調製而成的雞尾酒，材料和做法都很簡單，味道也十分易飲，就像一首富節奏，適合任何時刻聆聽的幕間小曲。

DELUSIONAL PICNIC

25mL Coconut smoky whisky

20mL Bread-Valerian gin

15mL Salty caramel syrup

15mL Milk

2mL Lemon juice

3 dashes Vanilla extract

將檸檬汁以外的所有材料進行奶洗，並緩慢滴入檸檬汁，液體分層後倒入古典杯中即完成。

Coconut smoky whisky

將250毫升的椰子油加入700毫升Highland Park 12年威士忌中，攪拌均勻後靜置3小時，油脂經冷凍凝固後，過濾即完成。

Bread-Valerian gin

將50公克的黑麥吐司及5公克的纈草放入500毫升的琴酒中，靜置7天，過濾即完成。

這是一杯使用了兩次澄清技術的雞尾酒，在製程上有些不合邏輯，但我認為十分浪漫，就像把腦中雜念也一併「澄清」了一般，然後就可以開始一場愉快的野餐！

BEE'S KNEES

ASIA'S 50 BEST BARS 2020
Asia's 50 Best Bars 2020
menu
Prohibition
PROHIBITION ENDS AT LAST
CLOSED
FOR VIOLATION
UNITED STATES DISTRICT COURT
All persons are forbidden to enter premises without order from the UNITED STATES MARSHAL

Yamamoto Keisuke
山本圭介

於澳洲開始其調酒師生涯，自二十歲起參加花式調酒比賽，調酒生涯至今獲得十二次花式調酒冠軍。

於 2014 年開設主打 90 年代風格以及花式調酒的 Bar Newjack，培育出許多日本花式調酒冠軍。四年後，在京都開設以禁酒令時代為概念的 Speakeasy bar Bee's Knees，並連續三年獲選為亞洲最佳五十大酒吧。2019 年，於新宿開設以 Jerry Thomas 爲主題的酒吧 Jeremiah，提供各式新式雞尾酒。

現今，以客座調酒師的身份活躍於全球各地的酒吧，並致力於打造新的商業模式，提供酒吧諮詢、託管以及雞尾酒顧問、競賽評委等複合性服務。

OK!

Ariyoshi Toru
有吉徹

現為 BEE'S KNEES 的吧檯經理及首席調酒師。於二十歲接觸調酒，迄今已有二十三年的調酒資歷。

自2006年參加第一場國際調酒賽事，調酒生涯至今，參與超過 130 場舉辦在世界各地的調酒比賽，磨練技術的同時，也結識來自各個國家的優秀調酒師，目前即以客座調酒師的身份，活躍於歐亞數百間雞尾酒吧中。

對他來說，調酒即是一切，也是生活本身，從不間斷地學習以及追求卓越，是他身為調酒師的成長秘訣。他說，調酒師是世界上最棒的職業，他將持續往前，每天為坐在面前的客人提供最好的雞尾酒。

不斷挑戰新事物

我十分重視酒吧的概念以及給消費者的體驗，我以其作為開設酒吧的起點，以及創作雞尾酒的靈感。目前經營的三間酒吧均根據其所處地區的特性，試圖為消費者打造不同風格的雞尾酒和酒吧空間。

對於夥伴，我竭力提供舞台給優秀的年輕調酒師們，擴大團隊規模的同時，也帶領夥伴們一同往前。為調酒界注入新的活力，是我現在所努力、專注的目標。

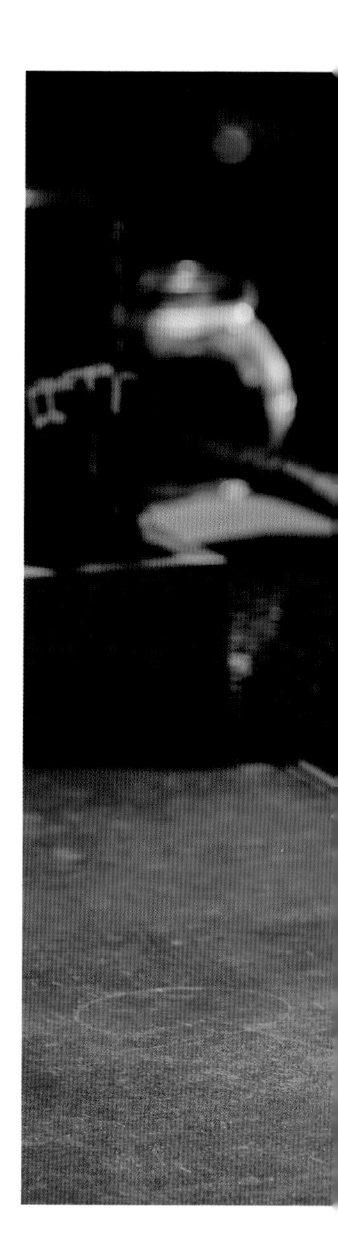

「不斷接受新的刺激，從中獲得經驗後，
再去挑戰更新的事物。」

THE
BOOK STORE
MAIL BOX
お願い致します。

關於 BEE'S KNEES

2018 年，我和首席調酒師有吉徹，一同在京都開設了以美國禁酒令時代為主題的 Speakeasy bar Bee's Knees，也是我經營的第二間酒吧。

當你開啟寫著「THE BOOK STORE」的大門時，一處隱藏在京都傳統街區中的秘密天地在等著你。Bee's Knees 和禁酒令時代流行的酒吧一樣，提供現代的經典雞尾酒，並融入屬於日本的風味。

為了推廣酒吧文化，我和夥伴們廣邀世界各地的調酒師來到 Bee's Knees，致力為京都的酒吧文化帶來嶄新能量。

2020 年起，Bee's Knees 連續四年入選亞洲最佳五十大酒吧，並成為首度獲得 Disaronno Highest New Entry 獎項的京都酒吧，為日本最優秀的酒吧之一。

Creator: BEE'S KNEES 團隊

SAKURA BEE'S KNEES

240mL SG Shochu KOME

120mL Roku Gin

30mL Absinthe

140mL Fresh grapefruit juice

120mL Lemon juice

140mL Apple juice

75mL Honey

3 Sakura leaves

1/2 Cinnamon

45mL Zubrowka

Ganish: Dry sakura

將所有材料放入攪拌機中攪拌，並以瓊膠進行澄清，放入三件式雪克杯中，加入冰塊後以搖盪法混合酒液，倒入雞尾酒杯中。

改編自經典調酒 Bee's Knees，融合代表日本的櫻花元素，是店裡的代表雞尾酒之一。

Creator: BEE'S KNEES 團隊

CHOCOPRESSO MARTINI

15mL Dictador 12 Years Solera System Rum

15mL SelvaRey Chocolate Rum

10mL Tia Maria Cold Brew Coffee liqueur

5mL PX Sherry

45mL Espresso

Garnish: Burned chocolate

將所有材料放入雪克杯中，加入冰塊以搖盪法混合酒液，經雙重過濾倒入雞尾酒杯中，以經過炙燒的巧克力作為裝飾物。

改編自經典調酒 Espresso Martini，以兩款不同的蘭姆酒為基酒，其一是來自哥倫比亞的 Dictador，擁有楓糖的細緻甜味，另一款為來自巴拿馬的 SelvaRey，以濃郁的可可香氣為特點。

在咖啡的苦味中融合了甜味，創造出完美的風味平衡。

Creator: BEE'S KNEES 團隊

NINJA SMASH

45mL KI NO BI

15mL Yuzu & passionfruit syrup

20mL Fresh lemon juice

1 Shiso leaf

30mL Sparkling Sake

Garnish: Yuzu peel & Shiso leaf

Green tea aroma

將所有材料放入雪克杯中，加入冰塊以搖盪法混合酒液，經雙重過濾後倒入雞尾酒杯中，以柚子皮和紫蘇葉為裝飾物，以裝有乾冰的枡作為雞尾酒杯的底座，並倒上綠茶，以產生煙霧。

Yuzu & passionfruit syrup

將 Monin Yuzu Purée 及 Monin Passion fruit syrup 以 1:1 的比例混合即完成。

改編自經典調酒 Basil Smash，並以出產自京都的季之美琴酒為基底，將其植物調性充分地展現於風味之中。

以枡作為雞尾酒杯的底座，倒上綠茶後與乾冰進行反應，產生煙霧，其畫面讓人聯想到忍者，因此以 Ninja Smash 為這杯酒命名。

BEE'S

LEY SECA

45mL Mezcal

5mL Luxardo Maraschino

4 dashes Absinthe

15mL Fresh lime juice

15mL Ginger syrup

20mL Soda

Garnish: Dry lime & Rosemary

將所有材料放入雪克杯中，加入冰塊以搖盪法混合酒液，經雙重過濾後倒入雞尾酒杯中，以萊姆果乾和迷迭香為裝飾物。

揉合 Mezcal 的煙燻香氣和複雜的藥草風味，搭配上萊姆與薑，是能讓人提起精神的風味。

而酒名「Ley Seca」是拉丁美洲國家在選舉前一天和當天，禁止銷售酒精飲品的法令。

NOT GODFATHER

45mL Apple & Cinnamon Rye Whiskey

10mL Cynar

5mL Carpano Antica Formula

5mL Disaronno

3 dashes Angostura Bitters

將所有材料放入攪拌杯中，加入冰塊以攪拌法混合酒液，再倒入放有大冰的古典杯中，並以煙燻槍燻製肉桂煙霧，灌入杯中，蓋上帽子。

Apple & Cinnamon Rye Whiskey
在 700 毫升的裸麥威士忌中加入 1 顆蘋果及 2 根肉桂棒，常溫靜置五天，過濾後即完成。

改編自經典調酒 Godfather，以芝加哥著名的黑幫教父 Al Capone 為靈感，以其肖像照中具有標識性的帽子為裝飾物，並以肉桂燻製的煙氣代表抽雪茄時產生的煙霧。

HOJI TEA NEGRONI

20mL Roku Gin infused with Hoji tea

10mL Campari

10mL Antica Formula

10mL Gran Classico Bitter

5mL Tia Maria Cold Brew Coffee liqueur

3 dashes Chocolate bitters

Garnish: Bitter chocolate

將所有材料放入攪拌杯中，加入冰塊以攪拌法混合酒液，再倒入裝有大冰的古典杯中，以苦巧克力為裝飾物。

這是一款改編自經典調酒 Negroni 的酒款。選用產自京都的焙茶，揉合了濃郁深厚的茶香，以及巧克力的甜美和苦澀，並以咖啡增添優雅而別緻的微苦香氣。

NEW YORK CHEESE CAKE

15mL Disaronno

12.5mL Cacao white liqueur

15mL Butterscotch liqueur

6g Cream cheese

5g Egg yolk

12.5mL Milk

10mL Heavy cream

4mL Lemon

6g Caster sugar

30g Crushed ice

Garnish: Strawberry powder & Cookie

將所有材料放入攪拌機中，倒入雞尾酒杯中，以餅乾為裝飾物。

Bee's Knees 以禁酒時代為主題，因此以紐約的芝士蛋糕為發想，創作了一款甜點型雞尾酒。

這杯調酒的特點是，將凍乾草莓磨成粉，並塗飾在酒杯外圍，相當適合搭配餅乾一同享用。

L'Escamoteur

CAMPARI

Christophe Rossi

出生於法國，20 歲時離開家鄉到印度遊歷，遇見了日本籍女友，於 2000 年隨愛來到日本京都。

成為調酒師以前，他是一名職業魔術師，在日本各處進行魔術表演，同時也參與了各地的調酒活動，心中逐漸對雞尾酒產生興趣。

經過一年的籌備，L'Escamoteur 展店於 2015 年，並在隔年榮獲國內外各大酒吧獎項。如今，慕名而來的客人依然很多，每天都有人排隊等著走進 L'Escamoteur，享受奇幻而充滿驚喜的飲酒時光。

沒有客人，只有朋友

L'Escamoteur 能代表我的一生。我將自己對音樂、電影和魔術的喜愛融入這裡，所以當客人來到 L'Escamoteur，會覺得自己身處電影場景之中，有種遠離現實的奇妙感受。

我不會對客人說歡迎光臨，我注重的是眼神交流。比起制式化的服務，我更想讓客人感受到活力，以及如何才能讓對方開心。我認為這對日本人來說，是非常嶄新的體驗。

我的經營哲學很簡單，就是熱愛我在 L'Escamoteur 呈現的一切。無論客人是否注意到店內的各種巧思，只要身處其中，必然就會有各種有趣的事發生。我所設計的機關和營造的氛圍，都是為了給予客人特別的體驗，以及讓他們感受到活力，並在步出酒吧時能夠帶著愉悅的心情。

其實 L'Escamoteur 沒有真正的「客人」，因為這裡是我的家，每個走進來的人都是來我家作客的朋友和家人，因此我總是能輕鬆和大家聊天，甚至開惡毒的玩笑，我就是這麼對待朋友的！

RADIX

Dream & love business

L'Escamoteur 的 logo 結合了魔術師和腳踏車。店內也設計了與其相關的機關，因此我很歡迎大家在 L'Escamoteur 待久一點，你能發現許多有趣的地方。

對我來說，L'Escamoteur 是 dream & love business，我從未想過要因此變得有名或成功，然而，或許正是這份對 L'Escamoteur 和生活的熱愛，讓我擁有現今的成就。

說回雞尾酒，因為我是法國人，自然對法國利口酒比較熟悉，我喜歡以其結合各式日本元素，像是抹茶。我個人對調酒的喜好雖然比較「old school」，但我也喜歡用現代調製手法創造風味上的變化。

L'Escamoteur 不收服務費與入席費，我想這點吸引了年輕的消費客群，我很樂見自己的雞尾酒能帶領年輕客人認識調酒的美好。

「雞尾酒固然重要，但我更在意的，是如何
讓客人感受到樂趣。」

L'EscaMoteur
Bar

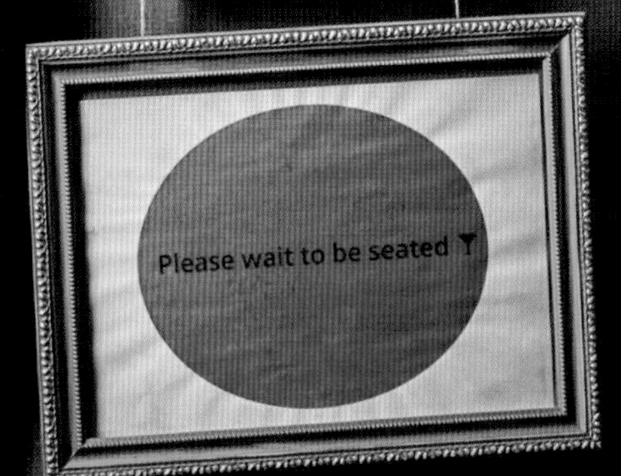
Please wait to be seated

關於 L'Escamoteur

最後，我想分享開設 L'Escamoteur 時的一些故事。

我記得很清楚，那是個週六夜晚，我走進一間酒吧，並和吧檯裡的調酒師相談甚歡。我在酒吧裡獲得的美好時光，讓我萌生開設酒吧的想法。

當時我沒有任何調酒經驗，只有自己在家練習調酒，之後才在京都一間酒吧工作半年，學習傳統日式雞尾酒的做法。

現在想想，那時的情況真的充滿未知數，但我的心態很樂觀，對所有事也都懷抱著熱情和積極。我花費一年時間籌備開店，從各地搜集來現在擺設於店裡的裝飾物。

對我來說，一間店最重要的地方在於空間。尋找我中意的店面費了許多功夫。那間店面需要兩百萬日圓保證金，當時的我當然沒有這麼多錢。最後是在朋友、伴侶和合作夥伴的幫助下，才成功籌到這筆資金，並承諾以開店後賺的錢分期償還。

我花了兩年半還清所有借來的錢，而店在營業第二年時有幸榮獲酒吧獎項，讓我們一夕之間變得非常有名，每天都有人在店外排隊。

從現在往回看，一切真的很瘋狂，簡直就像電影情節一般。

Creator: Christophe Rossi

SMOKY OLD FASHIONED

45mL Smoked Whisky

3 dashes Angostura Bitters

1 bar spoon sugar

於古典雞尾酒杯中放入方糖，將苦精滴在方糖上，倒入威士忌。待方糖完全溶於液體後，加入大冰以攪拌法混合酒液，並灌入特製煙霧。

Smoked Whisky
以櫻花木及肉桂燻製威士忌。

作為 L'Escamoteur 的招牌雞尾酒，這杯酒的風味十分迷人且獨特！

Creator: Christophe Rossi

KYOTO GARDENS

30mL KI NO BI

20mL Yuzu liqueur

15mL Gum syrup

30mL Lemon

Egg white

1 spoon Matcha

將所有材料放入雪克杯中，加入冰塊以搖盪法混合酒液，倒入雞尾酒杯中，撒上抹茶粉。

揉合季之美琴酒、柚子和綠茶的自然香氣，在雞尾酒中展現日本花園的芬芳。

Creator: Vianney Berton

HOCUS CROCUS

30mL Tanqueray London Dry Gin

20mL Peach syrup

10mL Safran liqueur

30mL Lemon juice

Egg white

3 drops Rosemary Escamoteur bitter

將所有材料放入雪克杯中，加入冰塊後，以搖盪法混合酒液，倒入雞尾酒杯中，滴上苦精。

這杯酒的靈感來自成熟桃子的香氣以及番紅花，並以花名命名，亦用紫色苦精裝飾液面，以呈現紫色番紅花意象。風味上則展現了異國暖意，讓人感覺既溫暖又清新。

BONBON

40mL Citrus vodka

2mL Homemade raspberry syrup

10mL Homemade vanilla syrup

15mL Lemon

15mL Lime

1 drop Escamoteur Fire Bitter

Garnish: Lollipop

將所有材料放入雪克杯中，加入冰塊以搖盪法混合酒液，倒入雞尾酒杯中，以棒棒糖為裝飾物。

「Bonbon」是法語的「糖果」。請享受這杯水果風味的雞尾酒。

CINNAMON VERUM

40mL Whiskey infused with cinnamon

15mL Elderflower liqueur

1 dash Orange Escamoteur bitter

Garnish: Lemon peel

將所有的材料直接注入放有大冰的古典杯中，噴灑上檸檬皮油，並以其為裝飾物。

我可以很自信地說，這杯簡單、直接，擁有濃烈而滑順口感的雞尾酒，能讓經典調酒愛好者，以及喜歡老式雞尾酒風味的人都感到滿意。

103 MANHATTAN

40mL Whisky infused with coffee

20mL Sweet vermouth

20mL Picon

Garnish: Orange peel

將所有材料放入攪拌杯中，加入冰塊以搖盪法混合酒液，倒入裝有冰塊的雞尾酒杯中，噴灑上橘子皮油，並以其為裝飾物。

以紐約市 103 街為靈感，這杯酒是咖啡和威士忌愛好者的最佳選擇。

YOU DESERVE BUTTER

40mL Bourbon fat washed with butter and vanilla

20mL Brown chocolate liqueur

10mL Cynar

1 spoon Shiso liqueur

Salt

將所有材料放入攪拌杯中，加入冰塊，以搖盪法混合酒液，倒入裝有冰塊的雞尾酒杯中。

這是一款讓人聯想到焦糖鹹味甜點的雞尾酒，風味既濃郁又輕盈，一絲鹹味創造了風味的完美平衡，其奢華的香氣更是讓人感覺愉悅。

Bar Rocking chair

Tsubokura Kenji
坪倉健児

出生於京都，在北海道唸大學時接觸到酒吧工作，後轉學至東京，並在遊歷各家酒吧的過程中，遇見了自己的人生導師，對雞尾酒也有更深一層了解，進而確立了成為調酒師的志向。

大學畢業後，任職於バー ガスライト霞ヶ関（Bar Gaslight Kasumigaseki），並在酒向明浩先生（Mr. Sako Akihiro）的指導下，精進自己的調酒知識和技術。於 2004 年回到京都，在西田稔（Nishida Minoru ）先生開設的 Bar K6 工作，同時取得侍酒師資格，擁有專業的單一麥芽威士忌和葡萄酒知識。

於 2000 年至 2016 年，以成為獨當一面的調酒師為目標，積極參與各項調酒比賽，並拿下數次日本冠軍，亦曾作為日本代表，在國際調酒師協會 IBA（International Bartenders Association）主辦的 World Cocktail Championships 中拔得頭籌，為 2016 年度的最佳調酒師。同年榮獲京都府頒發的「技能大会優勝者京都府栄誉賞」以及「京都市きらめき大賞」，並任京都市的接待大使。

目前作為日本調酒師協會 NBA（Nippon Bartenders Association）的關西本部技術研究部長，致力提升日本調酒師的調酒技術，並以提攜後進為己任。

貼近客人的生活

我認為，調酒師必須是一個「貼近客人生活」的人。

我在學生時代遇見了很多優秀的調酒師，他們是我常常走進酒吧的原因，我總是想和他們分享生活中發生的大小事。

我在酒吧裡所獲得的，不僅是愉快的對話和一杯杯美味的調酒與威士忌，還有踏出酒吧後，明顯感覺到輕鬆許多的心情。

這樣的經驗，造就往後我作為調酒師盡力追求的目標：擁有調製出美味調酒的專業知識和技術，以及成為值得客人信賴的對象。

客人在酒吧尋求的是什麼？這是我常問自己的問題。

我認為一間酒吧最基本的功能，就是提供美味的調酒，以及令人感到舒適和安心的空間。在這之上，顧客能在酒吧裡與親人、好友們飲酒談天，也能享受一個人的時光，整理自己的心情或思考人生。

提供最好的時光

調製出美味的酒是必須的，因此我從年輕時就積極參加調酒比賽，給自己不斷磨練技術的機會和舞台。

當然，成功並非一蹴可幾，且絕非易事。然而在持續參賽、挑戰的過程中，遇見了支持我的客人、前輩，以及許多優秀可敬的對手，這些都激勵我往前邁進。

現在的我，已然蛻變成年輕的我所嚮往的調酒師。經過長時間的努力，以及認真傾聽、吸取他人的意見，我培養出對雞尾酒的獨到見解和創新能力，也成為值得顧客信賴對象。

時至今日，我依然追求著雞尾酒的美味。除了自創調酒，我也積極在經典調酒中融入最新的調酒技術，詳實地紀錄香氣和風味的變化。

要調製出好的味道，必須經過反覆嘗試，過程中會發現很多錯誤，以及需要改善的地方，這就是身為一名專業調酒師的工作。試錯所積累下的經驗並非徒勞，而是寶貴的資料，哪怕一點點也好，我想將這些經驗分享予更多的調酒師。

我對 Bar Rocking chair 的期許是很大的。我告訴夥伴們，必須懷抱著成為世界第一的心態，打造一間讓客人不只是「想去看看」，而是「必須（再）去一次」的酒吧。

「為每一位到來的客人提供最好的時光」，這句話表達了我一直以來的信念，能視作我身為調酒師的哲學。如果做到如此，客人必會反覆光臨你的酒吧。

我並不認為這個目標已經達成，為了成為這樣一間酒吧，我想日復一日站在吧檯裡，終我一生陪伴每一位客人，為此，我將作為一名調酒師，持續不斷地努力。

「無論年輕或年長，客人願意向我敞開心胸，訴說他們的故事。」

關於 Bar Rocking chair

京都是我的家鄉，這裡保留了歷史悠久的建築物和傳統文化。2009 年二月，我在一棟擁有百年歷史的傳統京町家開設了 Bar Rocking chair，位在距離繁華鬧區不遠的住宅巷弄中。

穿過京町家標誌的傳統庭院進入室內，以古董櫥櫃為中心，圍繞著胡桃木吧檯、壁爐以及呼應店名的木製搖椅，空間營造以日式的西洋和風為主軸，氛圍寧靜而舒適。

除我以外，店內目前另有四位在職調酒師。他們積極參與國內外調酒比賽，努力鑽研調酒知識和技術，並致力於提供細緻、溫暖的服務。

在 Bar Rocking chair，你能嚐到各式經典調酒與自創雞尾酒，以及自世界各處搜集而來的珍稀酒款。除了威士忌、紅酒以及香檳，還有以日本罕見的葡萄品種所釀製的波特酒，是我個人非常鍾情的酒款。

Creator: 坪倉健児

THE BEST SCENE

35mL Geranium Premium London Dry Gin

15mL Giffard Fleur de Sureau Sauvage liqueur

10mL MIDORI

5mL Le Fruit de MONIN Yuzu

1 dash Fee Brothers Cardamom Bitters

10mL Fresh lemon juice

Yuzu peel

將所有材料放入攪拌杯中，加入冰塊後以攪拌法混合酒液，倒入雞尾酒杯中，噴灑上柚子皮油。

這杯酒是第六十五屆世界調酒大賽的冠軍雞尾酒，也是足以代表 Bar Rocking chair 的酒款。

揉合了琴酒、接骨木花的香氣以及甜瓜的香醇和微苦，創造出清爽甜美的滋味，是一杯受到許多客人喜愛的短飲型雞尾酒。

在與每位客人的一期一會之中，我總是珍視著相處的每一瞬間，並懷抱著款待之心，這杯雞尾酒便是以此為概念進行創作，是我心中「最美好的風景」。

Creator: 坪倉健児

REVIVAL '60S

30mL Bowmore 12y

10mL Ileach Cask Strength

15mL Carpano Antica Formula

10mL Jäegermeister

5mL Benedictine D.O.M

3mL Mangoyan Mango liqueur

Grapefruit peel

將所有材料放入攪拌杯中，加入冰塊後以攪拌法混合酒液，倒入雞尾酒杯中，噴灑上葡萄柚皮油。

我曾品嚐過 1960 年代的 Bowmore 威士忌，其風味讓我十分驚艷，因此將這份驚艷轉化為創作雞尾酒的靈感。

60 年代的 Bowmore 擁有濃郁的甜味、苦味以及藥草香氣。其中 66 和 69 年份的還散發著芒果和桃子香氣，68 年的則帶有葡萄柚香。

我想以雞尾酒為媒介，向飲者傳達品飲時的感動心情，而這杯有著醲醇味道的威士忌調酒也深受許多海外客人喜愛。

Creator: 坪倉健児

MADURO

30mL Havana Club Añejo 7 Años Rum

15mL SCARLET Aperitivo

7mL Mr. Black Coffee liqueur

7mL Luxardo Maraschino

1 tsp Dried orange peel powder

Garnish: Baked yatsuhashi

將所有材料放入攪拌杯中，加入冰塊後以攪拌法混合酒液，經雙重過濾倒入裝有冰塊的古典杯中，以烘烤過的八橋煎餅為裝飾物。

Maduro 指的是顏色較濃的雪茄，於意大利語中則有「成熟」之意。

我很喜歡雪茄，因此創作一款適合搭配雪茄一起享用的雞尾酒

以香醇的蘭姆酒為基底，佐以日本出產的苦酒 SCARLET Aperitivo，創造出濃郁的苦甜滋味，並以外觀如雪茄的京都傳統點心八橋煎餅為裝飾物，其肉桂香氣與酒的成熟風味十分搭配。

SNOW RABBITS

25mL Nikka Coffey Gin

25mL KI NO BAI

15mL Fresh lemon juice

2 tsp Honey

1/2 Egg white

Garnish: 2 Framboise & 3 drops Bitters

將蛋白放入其中一個波士頓雪克杯中並打發，於另一個雪克杯中放入所有材料，加入冰塊後以搖盪法混合酒液，經雙重過濾倒入冰鎮過的雞尾酒杯中，以覆盆子粉末以及苦精為裝飾物。

這是一杯以日式風味為主軸的短飲型雞尾酒。揉合帶有山椒香氣的日式琴酒 **Nikka Coffey Gin**、京都時令美酒蒸餾所製作的梅酒季之梅以及覆盆子果實，創造出如李子般的豐厚甜味，且有清爽的酸度和口感，而蛋白和蜂蜜則賦予其柔和、綿密的質地。

在如淡雪般的液面上，撒上法國甜杏仁果碎粒，並以苦精繪製雪兔腳印的圖像，讓這杯酒除了擁有美好滋味，外觀亦華麗而迷人。

KYOTO LADY

50mL KI NO BI

15mL Fresh lemon juice

10mL Simple syrup

1/2 tsp Dried orange peel powder

1/2 Egg white

Garnish: 2 drops Peychaud's Bitters

將蛋白放入其中一個波士頓雪克杯中並打發，於另一個雪克杯中放入所有材料，加入冰塊後以搖盪法混合酒液，經雙重過濾後倒入冰鎮過的雞尾酒杯中，在液面上以苦精繪製唇形作為裝飾物。

這是一款收錄在季之美調酒書的自創調酒，改編自風行日本的經典調酒 White Lady，其以簡單的材料組合，創造出令人深刻且著迷的風味。

我從年輕時就一直練習調 White Lady，也創作出多款擁有不同特色的 White Lady。這杯 Kyoto Lady 以出產自京都的季之美琴酒為主軸，我想像一位面帶白色妝容的花街舞妓，以她優雅且溫柔的形象營造風味，加入蛋白讓酒液有一層純白的泡沫，並滴上苦精，展現妝容裡畫龍點睛的一抹口紅。

Creator: 坪倉健児

YUKARI SOUR

30mL Mezcal

10mL Shiso liqueur

10mL Shiso juice

10mL Fresh lemon juice

2 tsp Honey

1/2 Egg white

Garnish: Shiso yukari

將蛋白放入其中一個波士頓雪克杯中並打發，於另一個雪克杯中放入所有材料，加入冰塊後以搖盪法混合酒液，經雙重過濾倒入冰鎮過的雞尾酒杯中，撒上紫蘇米飯調料為裝飾物。

感受到海外客人對 Mezcal 的喜愛，於是創作了一款日式風味的 Mezcal 雞尾酒。

鹽作為和 Mezcal 相搭的食材，讓我聯想到日本的紫蘇調味料，並試著以其入酒。

紫蘇清爽的苦味和鹹味勾勒出 Mezcal 的香氣，並有滑順的口感和平衡風味，是一款受到許多國外客人喜愛的雞尾酒。

HOJICHA ESPRESSO MARTINI

40mL Frozen vodka

30mL Espresso

2 tsp Honey

1 tsp Hojicha

Garnish: 3 Barley chocolate

將培茶和蜂蜜放入濃縮咖啡中，並等待 30 秒後，倒入雪克杯中，加入伏特加及冰塊以搖盪法混合酒液，經雙重過濾倒入冰鎮過的雞尾酒杯中，在液面放上巧克力作為裝飾物。

我曾有一段專注於咖啡調酒的時期，這杯酒即是當時的作品。

特地從京都的日本茶專賣店挑選一款具有優雅香氣的京都焙茶，此款茶亦深受茶道界的喜愛。我以其揉合蜂蜜與熱咖啡，並以風靡日本的駄菓子麥巧克力為裝飾物，創作出一款濃郁而甜美，充分展現了京都風情的 Espresso Martini。

Bar 'Pippin'

Glenfarclas
Glenfarclas
Glenfarclas
12
THE BALVENIE
DOUBLEWOOD
12
Dewar's
25
Ballantine's
30
The MACALLAN
18
Ardbeg
Ardbeg
Ardbeg
Ardbeg
CAOL ILA
18
WHISKY

白州
白州
響
響
響
響

Miyazaki Tsuyoshi
宮﨑剛志

2019 年於奈良市大宮町開設 Bar 'Pippin'，在此之前，於奈良飯店工作了二十五年。

2013 年參加 World Class 調酒比賽，以三項分項冠軍的成績拿下日本冠軍，並在世界賽中獲得亞洲第一、世界第三的頭銜。

而後以奈良飯店酒吧主理人暨首席調酒師的身份，在國內外進行客座調酒活動、舉辦研討會，並於專門學校中擔任調酒講師。

調酒師以外，擁有日本飯店調酒師協會 HBA（Hotel Barmen's Association）頒發的大師級調酒師、資深侍酒師、唎酒師與雪茄顧問的資格，亦有由法國香檳騎士團（Ordre des coteaux de champagne）授予的騎士位階（CHEVALIER）。

精簡所致的完美平衡

對我來說，雞尾酒是簡單的，不需有華麗的裝飾物。

我傾向在酒裡用最少的元素，找到最完美的平衡。我所追求的，是主材料、副材料以及冰塊融水間的巧妙結合。

當所有要素恰如其分地融進酒裡，你將會擁有一杯無比溫柔、柔軟的雞尾酒。

Old Parr
Glenfiddich
KILCHOMAN
Ichiro's Malt
CHICHIBU
Blue Label
TALISKER
Ardbeg

如水一般

若要以一句話形容我的調酒哲學，那便是如水一般。

當所有材料完美融合，酒將會擁有如同水一樣的柔順感，簡單並十分平衡。

我的調酒資歷已近三十年，在這期間，不斷吸收來自各地、各方的刺激，致使我持續變化和進步，「讓自己進化成更好的自己」亦是我身為調酒師所奉行的哲學。

「我衷心希望，我所調製的雞尾酒能為
品飲之人帶來平穩和幸福的感受。」

Lee Wile
George G
and Cole

關於 Bar 'Pippin'

出了近鐵線新大宮站，步行一分鐘，小而風格正統的 Bar 'Pippin' 座落在街邊某棟建築物的一樓，周邊有許多餐廳與飯店，對觀光客來說十分便利。

店內僅有六個吧檯座位，以及一組四人座桌位，氛圍古典而穩重，你能在這裡享受搖曳的溫暖燭火，以及逾六百張的黑膠唱片收藏。

Bar 'Pippin'的招牌雞尾酒「Cîroc Vineyard」，分解了白葡萄酒的風味組成並重新建構，以奈良縣產的草藥和大和茶調製出細緻而柔和的風味。除了自創調酒，各式經典改編雞尾酒以及經典調酒 Martini、Sidecar，都是 Bar 'Pippin' 為人稱道的酒款。以圓潤、溫和的口感為特點，充分展現實踐在雞尾酒上的精簡哲學。

此外，店內收藏有多款適合純飲的烈酒品項，能嚐到珍稀的威士忌和葡萄酒款。

Bar 'Pippin' 的營業時間自傍晚六點開始，至凌晨三點打烊，因此在深夜時，你仍可以品嚐到美味的雞尾酒。

Creator: 宮崎剛志

CÎROC VINEYARD

30mL CÎROC

10mL Lillet Blanc

5mL Elderflower syrup

15mL Champagne

Gelatin

Orange zest

Garnish: Rose water

將所有材料放入雪克杯中，加入冰塊後以搖盪法混合酒液，倒入雞尾酒杯中，噴灑上玫瑰水。

這是一杯解構並重建白葡萄酒風味的雞尾酒，發想自我身為侍酒師時，對葡萄園的美好想像。

揉合葡萄的甜、香檳的酸，以及橙皮帶來的苦味，吉利丁則讓酒的質地變得濃稠，也延長風味的餘韻。

傳統的葡萄園中會種植玫瑰，因此在最後噴灑上玫瑰花水，為這杯酒點綴以一絲華麗氣息。

Creator: 宮﨑剛志

BLACK TEA HIGHBALL

30mL Johnnie Walker Black Label

30mL Black tea syrup

5mL Fresh lemon juice

120mL Ginger ale

Garnish: Orange peel & Edible flower

將薑汁汽水以外的材料直接注入高球杯中，倒入薑汁汽水，噴灑上柳橙皮油，以食用花為裝飾物。

Black tea syrup
以南非國寶茶、柳橙皮以及接骨木花製作而成。

這是一款以 Johnnie Walker 黑牌為基底的創新 Highball。以創造「花蜜般」的風味為目標，加入自製的紅茶糖漿，讓威士忌裡的泥煤香氣更加明亮。

Creator: 宮﨑剛志

TENJINMURA PIÑA COLADA

60mL Coconut-washed & pineapple-infused Tenjinmura Rum

Sugar

Citric acid

將所有材料直接注入雞尾酒杯中。

Coconut-wased & pineapple-infused Tenjinmura Rum
以椰子油澄清蘭姆酒，浸漬以鳳梨即完成。

我是天神村釀造所的品牌大使，因此以其出產的蘭姆酒，創作了一杯改編自經典調酒 Piña Colada 的酒款。

經過奶洗並浸漬以鳳梨，讓蘭姆酒的香甜更加明亮，並擁有椰子油帶來的醇濃質地。

TAMAYURA

45mL Room-temperature Tanqueray No. TEN

15mL Tea vermouth

將所有材料放入攪拌杯中，旋轉攪拌棒以混合酒液，倒入雞尾酒杯中。

Tea vermouth
將玉響茶、Lillet Blanc和礦泉水混合後，即完成。

改編自經典調酒 Martini，使用位於奈良的月ヶ瀨の井ノ倉茶園出產的「玉響茶」進行調製。

將酒的溫度設定為常溫，能讓各項食材的風味更加鮮明，茶葉則為酒帶來醲醇、華麗的香氣。

來到 Bar 'Pippin'，請務必嚐嚐這杯煎茶Martini。

OLD FASHIONED ANGELICA

50mL Woodford Reserve Bourbon

5mL Angelica syrup

將所有材料放入攪拌杯中，加入冰塊後以攪拌法混合酒液，倒入放有大冰的雞尾酒杯中。

Angelica syrup
以紅糖、肉桂、丁香以及大和當歸所製作而成。

改編自經典調酒 Old Fashioned，以奈良縣產的大和當歸調製而成，其芹菜和薑黃香氣創造出令人驚豔的尾韻，酒液的口感也十分滑順，以極簡材料達到完美的風味平衡。

Creator: 宮﨑剛志

YAMATO-TEA GIN TONIC

40mL Gordon's

60mL Yamato-tea

2.5mL Lime

45mL Tonic water

30mL Soda

Yuzu

將通寧水及蘇打水以外的材料放入攪拌杯中，加入大和茶茶葉，過濾後倒入裝有冰塊的雞尾酒杯中，注入通寧水及蘇打水。

透過浸泡茶葉的手法，完美揉合琴酒和冷泡大和茶的清新香氣，在風味上達成絕妙平衡。

HIBISCUS NEGRONI

40mL Hibiscus vodka

15mL Sweet vermouth

20mL Aperol

Garnish: Lemon

將所有材料放入攪拌杯中，加入冰塊後以攪拌法混合酒液，倒入放有大冰的雞尾酒杯中，噴灑上皮油，並以其為裝飾物。

Hibiscus vodka
以洛神花浸漬伏特加即完成。

揉合洛神花的芬芳、香艾酒的甜味，以及艾普羅酒的適當苦味，創造出平衡且美好的味道。

LAMP BAR

Kaneko Michito
金子道人

在和歌山的 BAR TENDER 裡，一杯 Moscow Mule 成為金子道人踏入調酒世界的契機，那年他二十歲。十年之後，他在奈良開設 LAMP BAR，並成為世界知名的雞尾酒吧。

在 2015 年於 World Class 調酒比賽獲得世界冠軍之前，其歷經多場賽事的落敗與磨練，而越挫越勇以及永不放棄的心，至終使他邁向成功。

對他來說，經驗累積十分重要，身爲一名調酒師，應隨時保持著好奇心，多加涉略調酒以外的領域，從不同文化及藝術中汲取養分。

面對顧客，他首先將自己看作一名服務者，而後才是調酒師，而在身為一名服務者以前，其為生活在社會上的人，待人必須秉持著正確的態度、給予禮貌的問候以及舉止優雅，並對需要幫助的人伸出援手。

對於年輕調酒師，他則希望盡自己所能地給予幫助，持續推動雞尾酒產業往前邁進。

Yasunaka Yoshifumi
安中良史

出生於靜岡，二十三歲時踏入酒吧產業，任職於大阪的 BAR HIRAMATSU。經過十年磨礪，在 2015 年來到 LAMP BAR 擔任首席調酒師。

酒精飲品、雞尾酒及酒吧本身都有悠長的歷史，作為一名調酒師，他肩負的使命就是鑽研並理解其內涵，並延續下去。

為此，他深度研究每一款雞尾酒的歷史，熟悉各種食材的性質與應用。在此基礎下，針對同一杯酒進行反覆調製與試驗，不斷精進並改良其風味。

調酒作為供人飲用的飲品，美味與否至關重要。一杯好的飲品能讓飲者感覺幸福，因此投注心力於味覺科學領域，不斷探究何為「美味」。

Takahashi Kei
高橋慶

1982 年出生，自 2011 年於東京展開調酒師生涯，在 2017 年任職於 LAMP BAR。隔年，在 World Class 調酒比賽中闖入前十，於 2021 年獲得日本亞軍。

從自身身為酒客的經驗出發，期許自己將美味的酒和歡愉的氛圍帶給消費者。作為一名調酒師他所追求的，即是調製出讓飲者想起調酒師笑容的雞尾酒。

為此，致力於打造新奇、獨特且令人驚艷的品飲體驗，創造和客人之間的良好互動，當然，美味的雞尾酒是不可或缺的。

保持著對新事物的探索之心，並享受工作，是他的調酒師哲學。

「關於經營酒吧，與其於拘泥形式，我更傾向讓客人從空間、調酒中得到驚喜。」

——金子道人

關於 LAMP BAR

2011 年，我在奈良創立了 LAMP BAR。

基於對威士忌的喜愛，我曾考慮以威士忌或酒廠的名稱為酒吧命名，然而最後我選擇了「LAMP」，不使用複雜的詞彙，以簡單、易懂的名字讓客人能輕鬆找到這間店。我亦期許 LAMP BAR 如夜晚的燈火一般，為在夜晚尋覓棲身之處的客人，提供一處安心駐足的空間。

我以自己的想法和經歷為設計靈感，為 LAMP BAR 打造了三處不同空間。主要的吧檯空間為 authentic bar 的風格，氛圍較古典、莊嚴。在其右方的飲酒空間，則裝飾以不同時代的文物和收藏品。而主吧左方的空間稱為「Mirror room」，對我來說，酒擁有正反兩面，其賦予我們美好時光，同時也曾為人類帶來黑暗時刻，然而正是歷史的點點滴滴滴一路累積，才形塑成當今我們所體驗的調酒文化。

LAMP BAR 沒有固定的酒單，提供多款原創雞尾酒，同時依據客人的需求進行調製。我們所期許的，便是客人能盡情享受 LAMP BAR 的空間和雞尾酒。

Creator: 金子道人

B&B&B

35mL Banana butter bourbon

10mL Spiced honey

5mL Lapsang souchong tea syrup

15mL Lime juice

30mL Wilkinson dry ginger ale

30mL Soda water

Garnish: Dried banana chip & Spice powder

將薑汁汽水與蘇打水以外的材料放入陶杯中，加入冰塊以攪拌法混合酒液，倒入薑汁汽水和蘇打水，鋪滿碎冰。以乾香蕉片為裝飾物，並將香料粉撒於香蕉片上。

Banana butter bourbon

將 1 根香蕉及 40 克的奶油放入平底鍋，進行翻炒，後加入 700 毫升的 Jim Beam 中士忌中，靜置 1 夜，以咖啡濾紙過濾後即完成，冷凍保存。

Spiced honey

將 750 毫升蜂蜜、300 毫升水、3 根肉桂棒、5 顆小荳蔻、0.2 克黑胡椒、1 個八角、1 茶匙肉豆蔻、10 克生薑粉及少許紅辣椒放入鍋中，以電磁爐低溫加熱 3 小時後，過濾即完成，冷藏保存。可以根據個人喜好酌量添加紅辣椒，亦可不加入紅辣椒。

Lapsang souchong tea syrup

將 2.5 克正山小種茶葉放入 200 毫升水中，靜置 1 夜，過濾後加入 200 克砂糖，隔水加熱至砂糖完全溶化即完成。

Spice powder

將 15 根的肉桂棒、25 顆小荳蔻、1 克黑胡椒、5 個八角、5 茶匙肉豆蔻及 50 克生薑粉放入均質機中，研磨成粉狀即完成。

B&B&B 指的是 banana、butter、bourbon。

以「加入香蕉的戚風蛋糕」為風味靈感，並以我母親所做的陶杯為杯具，她是一位陶藝藝術家。

這杯酒即是一跨越世代，並調和調酒及陶藝領域的職人雞尾酒。

Creator: 金子道人

LAMP NEGRONI

30mL Kanomori Gin

20mL Kina L'Aéro d'Or

20mL Lamp Bitters

2 dashes Wormwood tincture

1 drop White wine vinegar

Garnish: Grapefruit peel & Charred hinoki paper

將所有材料注入放有方冰的古典杯中，以攪拌法混合酒液，以葡萄柚皮及炙烤過的檜木薄片為裝飾物。

Wormwood tincture
將 5 克的苦艾草放入 100 毫升 Smirnoff No. 57 中，靜置 3 天，過濾即完成。

奈良出產有許多優秀的食材及獨特的調味料，我以其為主軸改編經典調酒 Negroni，並期許來自世界各地的酒客，能夠透過這杯 Negroni 感受到奈良的獨特與美好。

Creator: 金子道人

COLORLESS

40mL Yogurt-washed Crown Royal Canadian Whisky

15mL Manzanilla

10mL Champagne

5mL Lapsang souchong tea syrup

5mL Monin lemongrass syrup

4mL White wine vinegar

將所有材料放入攪拌杯中，加入冰塊以攪拌法混合酒液，倒入無梗白酒杯中。

Yogurt-washed Crown Royal Canadian Whisky
混合 100 毫升優格及 750 毫升 Crown Royal Canadian Whisky，放入冷凍庫靜置 1 夜，以咖啡濾紙過濾後即完成。

Lapsang souchong tea syrup
將 2.5 克正山小種茶葉放入 200 毫升水中，靜置 1 夜，過濾後加入 200 克砂糖，隔水加熱至砂糖完全溶化即完成。

我拜訪墨西哥時品嚐了 Don Julio 70，其美味讓我深受感動，想嘗試以威士忌調製出相似風味的雞尾酒。

我以優格澄清威士忌，並加入香檳和不甜雪莉酒，這兩種材料通常不會與威士忌搭配，然而在 Colorless 裡，這就是展現其淡雅風格的關鍵。

Creator: 安中良史

SAVORIES

35mL Ketel One Vodka

3g Sencha tea leaf

10mL Hot water

40mL Tomato water

5mL Simple syrup

1 drop Homemade cacao bitters

Garnish: Sencha tea leaf

將茶葉與 70°C 的水放入雪克杯中，待茶葉均勻散開後，加入其餘材料，加入冰塊以搖盪法混合酒液，經雙重過濾後倒入雞尾酒杯中，以茶葉為裝飾物。

Tomato water

將 2 顆牛番茄切片後，放入 300 毫升的水中，放入冷藏 24 小時，過濾即完成。

Homemade Cacao bitters

將 75 克可可碎粒放入 750 毫升的 Ketel One Vodka 中，攪拌均勻，靜置 1 天後加入 50 克 56% 黑巧克力，靜置 2 天，期間適時攪拌。過濾後加入四分之一液體重量的砂糖，隔水加熱至砂糖完全溶解即完成。攪拌巧克力的時間不宜過長，混合均勻即可，亦不需事先融化巧克力。

改編自經典調酒 Espresso Martini。

我生長於被茶園環繞的靜岡，從小時開始便每天喝茶，因此想將靜岡的茶加入酒裡，並以其作為我的招牌雞尾酒。

我想充分展現茶的風味和香氣，且不使用抹茶或任何茶類利口酒，為此，我直接使用茶葉，而非經過沖泡的茶水。

當擁有豐富香氣的大和茶與番茄中的麩胺酸結合，細緻且獨特的口感便於酒裡綻放。

Creator: 安中良史

HISTORY COCKTAIL

30mL Yamazaki Single Malt Whisky

15mL Chita Japanese Single Grain Whisky

5mL Wasanbon honey

2mL Oriental bitters

Garnish: Cream cheese narazuke

在雞尾酒杯中燻製沉香煙霧，待煙霧散去，將所有材料直接注入杯中，以奶油芝士口味的奈良醃漬物為裝飾物。

Wasanbon honey
將和三盆糖及熱水以重量1:1的比例混合，製成和三盆糖糖漿。將日本蜂蜜及和三盆糖糖漿以重量1:1的比例混合即完成。

Oriental bitters
將1克沉香放入100毫升Angostura Bitters中，並進行真空包裝，靜置24小時，過濾即完成。

改編自經典調酒 Old Fashioned，有人將這杯酒視為雞尾酒的起源。

以大和、奈良地區的歷史以及氛圍為靈感，選用日產蜂蜜，其甜味由葡萄糖和果糖組成，因此在冷卻狀態下仍能展現其甜味，將其調和以和三盆糖，打造出複雜而柔和的香氣。

此外，日本蜜蜂產製的蜜和西方蜂蜜不同，擁有更濃郁的花香及持久甜味，如經過陳年一般，是豐富且具有深度的香氣，並擁有出色的尾韻，能為雞尾酒的風味帶來更多層次。

沉香香氣則讓飲者聯想起大和地區的城鎮、神社與寺廟，將其與威士忌融合，展現出如水楢木桶般的風味，是能令人感到驚艷的口感。

Creator: 高橋慶

BEAR FRUITS

45mL Tanqueray No. TEN infused with Nelson Sauvin

15mL Homemade muscat cordial

15mL Lime juice

Garnish: Meringue cookies

將所有材料放入雪克杯中，加入冰塊以搖盪法混合酒液，倒入放有萊姆皮的雞尾酒杯中，在液面上以蛋白霜為裝飾物。

Tanqueray No. TEN infused with Nelson Sauvi
將 15 克 Nelson Sauvin 的啤酒花放入 750 毫升的 Tanqueray No. TEN 中，靜置 1 晚，過濾後以檸檬和牛奶進行乳化即完成。

Homemade muscat cordial
混合 100 克 麝香葡萄汁、10 克葡萄柚皮及 50 克砂糖，待糖完全溶解，取出葡萄柚皮即完成。

這是我在 2021 年 World Class 調酒比賽上的決賽作品，並於 Tanqueray No. TEN 關卡中獲得優勝。

啤酒花為酒帶來豐富的水果香氣和苦味，是一杯揉合了 Gimlet 風格的獨創雞尾酒。

Creator: 高橋慶

HOPE REVIVER

30mL Tanqueray No. TEN

20mL Homemade Yamato tachibana curacao

15mL Incense vermouth

10mL Lime juice

Garnish: Candied Yamato tachibana

將所有材料放入雪克杯中，加入冰塊以搖盪法混合酒液，倒入雞尾酒杯中，以糖漬大和橘為裝飾物。

Homemade Yamato tachibana curacao
將 25 克的大和橘放入 200 克的伏特加中，靜置 2 晚，取出橘子後榨取果汁，混合以 100 克砂糖、75 克水及浸泡過橘子的伏特加，攪拌至材料完全溶解即完成。

Incense vermouth
將 0.3 克的沉香、1 克小荳蔻、1 克丁香、0.2 克肉桂及 0.5 克乾燥牛蒡放入 50 克的伏特加中，靜置 1 晚，過濾後加入 100 克貴釀酒即完成。

Candied Yamato tachibana
在大和橘的表面抹上一層薄薄砂糖，待糖溶解即完成。

這是我為 2022 年 World Class 調酒比賽創作的酒款。

當時我懷抱著「從 Covid-19 疫情中復興」的心願，並以其為這杯調酒命名。這杯酒使用奈良當地食材，期許以香氣呈現奈良的生命力。

THE SAILING BAR

Watanabe Takumi
渡邊匠

THE SAILING BAR 的經理暨首席調酒師，深耕酒吧產業超過三十年，擁有資深侍酒師以及國際國際的唎酒師資格，並以傳承雞尾酒知識為己任，致力於栽培新一代調酒師。

其雞尾酒的風格細膩且優雅，時至今日仍不斷創作著新的雞尾酒款，其中多杯創作被收錄於《THE JOY Of MIXOLOGY》、《101 Best New Cocktails》等國際雞尾酒專書中。

亦被知名雞尾酒作家 Gaz Regan 譽為此生遇過最優秀的調酒師之一，由 Ago Perrone 調製的 Martinez 以及其所調製的 Aviation，是 Gaz Regan 一生中品嚐過最為印象深刻的雞尾酒。

給予客人的尊重

無論是日本關東或關西地區，酒吧在消費者眼裡都是隱密的存在，因此酒吧從業人員會以客人的隱私至上，有著禁止拍照、喧嘩以及搭訕其他異性的規定。這讓酒吧產生「僅屬於某些特定消費者」的氛圍。

因此日本有很多會員制酒吧，當然，一般消費者同樣可以進入。所謂「會員制」其實是一種隱形的界線，讓調酒師篩選適合這個空間的客人，只有穿著合適衣裳，並能尊重且禮貌對待這間酒吧的人，才得以成為其中的一份子。

這不是調酒師出於個人喜好的篩選，而是給予遵守規定的酒客應得的尊重。無論先來後到，所有身處在同一間酒吧的客人，都應擁有同樣舒適的飲酒體驗。

SAILING BAR

おもてなし

身為調酒師，我要求自己不讓客人感覺到「偏心」。我常叮囑年輕一輩的調酒師，面對未曾謀面的新客人，必須有更廣闊的包容心，對方或許還不熟悉在酒吧裡消費。

對年輕酒客來說，我認為調酒師有引導他們變為成熟消費者的責任，唯有如此，品飲雞尾酒的文化才得以延續下去，並且更加普及。

過去十年，日本酒客的品飲習慣有些變化，大家開始對新穎的調酒產生興趣，作為調酒師，也必須跟隨著時代潮流前進，不斷精進自己。

我今年五十多歲了，投身酒吧產業已經超過三十年，我認為我的心態自始至終都沒有改變，若要用一個詞語表達，那就是「おもてなし（omotenashi）」。這是日文中專有的詞，意指「發自內心且真誠，不矯揉造作的款待精神」，而這正好能表達我作為一名調酒師的哲學：以最真誠的心面對每一位客人，並且永不止息地學習。

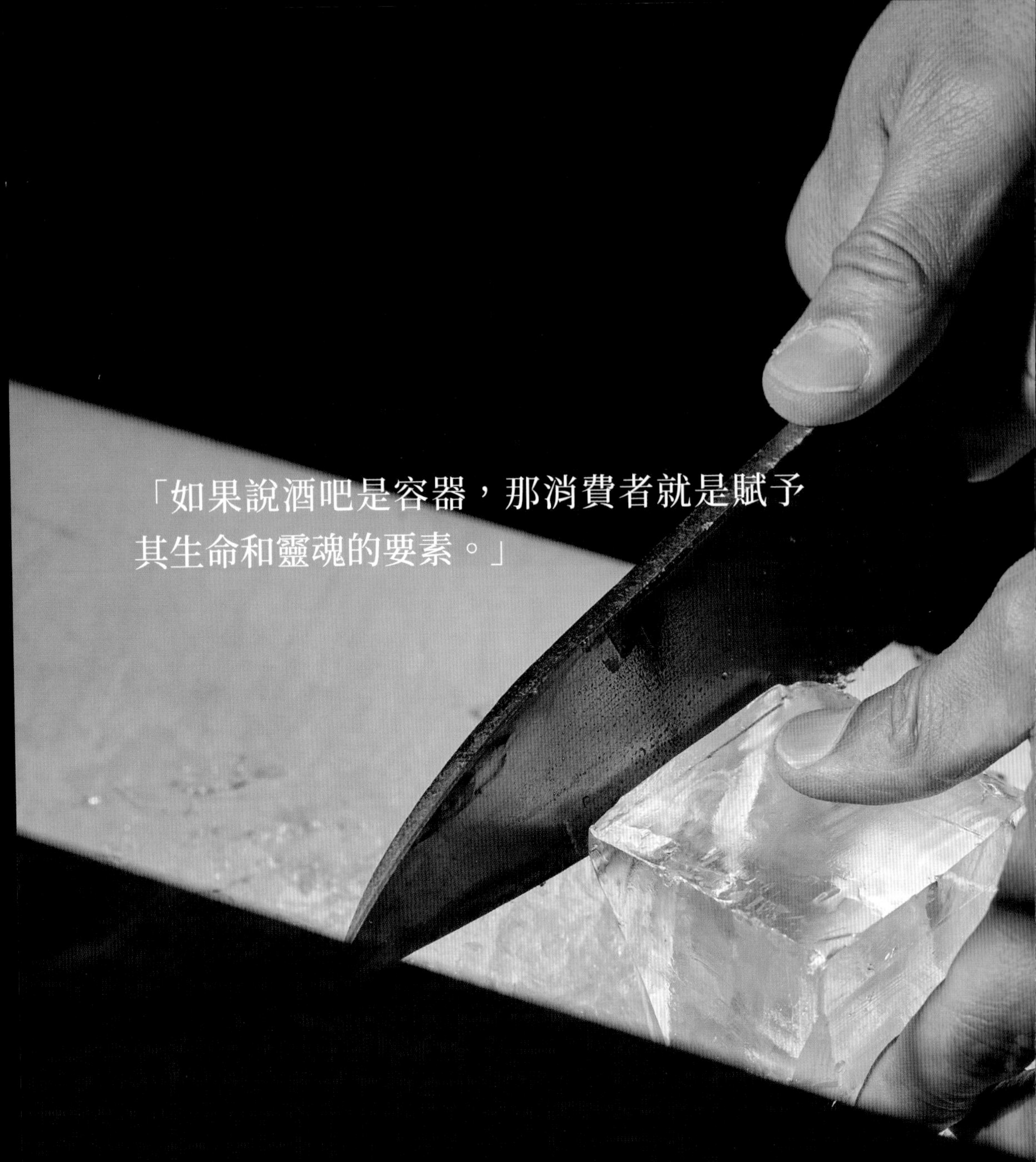

「如果說酒吧是容器，那消費者就是賦予其生命和靈魂的要素。」

關於 THE SAILING BAR

成立於 1994 年十月，位於奈良縣一個約有五萬人口、名為櫻井的小鎮上，迄今開業逾三十年。在七年前，從會員制的營業方式轉變為向所有消費者開放。

以「sailing」為名，期許踏進這裡的酒客能如坐船遊歷世界一般，品嚐到來自各國的美酒佳餚，而「sailing」本身亦有沉醉在音樂、氛圍和美酒裡的意思。

店內有兩個樓層，主要樓層為用餐區，寬敞華美的 U 型吧檯前設置了二十四個座位，樓下則設有一提供八個沙發座位的包廂空間。

THE SAILING BAR 擁有超過 1700 瓶藏酒，主打雞尾酒，亦有豐富的葡萄酒品項。櫻井市的餐廳不多，因此供有義大利風格的料理，客人能在這裡度過悠閒而舒適的美好時光。

Creator: 渡邉匠

TAKUMI'S AVIATION

45mL Tanqueray No. TEN

30mL Giffard Marasquin liqueur

5mL Marie Brizard Parfait Amour liqueur

20mL Lemon juice

Garnish: Lemon peel

將所有材料放入雪克杯中，加入冰塊後以搖盪法混合酒液，倒入雞尾酒杯中。

這款雞尾酒是我在 2010 年 World Class 世界賽中創作的作品。當時的評審是《THE JOY OF MIXOLOGY》的作者 Gary Regan，而比賽場上遇見他之前，我已拜讀過這本出色的調酒書籍。

比賽的內容是經典調酒的改編，我決定以 Aviation 為主題。有關 Aviation 的紀錄，最早出現在 Hugo Ensslin 於 1916 年創作的調酒書籍《Recipes for Mixed Drinks》中。當 Gary Regan 品嚐過我所調製的 Aviation，他閉上眼睛，看著天空說：「在品嚐過無數杯雞尾酒後，毫無疑問，Takumi's Aviation 是一杯令人印象深刻的雞尾酒。」

2017 年，我重新調整這杯酒的配方，並收錄在 2018 年的增訂版《THE JOY OF MIXOLOGY》中。此後，這杯酒再度受到關注，許多現今調酒書中都能看到 Takumi's Aviation 的介紹。

THE CONSUMMATE GUIDE to the BARTENDER'S CRAFT
REVISED & UPDATED EDITION
THE JOY OF MIXOLOGY
GARY REGAN

Creator: 渡邉匠

YAMATO LIBRE

45mL Kikka Gin Hanezu

30mL Spice syrup

15mL Lime juice

Plain soda

Cherry foam

將所有材料放入雪克杯中，加入冰塊後以搖盪法混合酒液，倒入雞尾酒杯中。

Spice syrup
將 500 毫升礦泉水、60 克檸檬皮、60 克萊姆皮、5 克肉桂、2 克丁香、3 克小荳蔻、5 滴香草精油以及 300 克細砂糖放入鍋中，加熱至細砂糖完全溶解，冷卻後，過濾即完成。

Cherry foam
將 100 毫升櫻桃糖漿、400 毫升礦泉水、1 顆蛋白以及 2 克明膠粉末放入氮氣瓶中，注入二氧化碳即完成。

我是奈良琴酒品牌 KIKKA GIN 的品牌大使，其推出一款加入草莓的琴酒「HANEZU」，我以其為基酒，重新詮釋經典雞尾酒 Cuba Libre。

我以奈良縣產的香料製作擁有可樂風味的糖漿，揉合草莓琴酒、蘇打水以及櫻桃泡沫，創造出如 Cherry Coke 般的獨特滋味。

Creator: 渡邊匠

JUNGLE FIZZ

40mL Spanish anise liqueur 35%

50mL Passion fruit purée

5mL Lime juice

Pulque soda

Angostura Bitters

Garnish: Tuile

將龍舌蘭蘇打、苦精以外的材料直接注入裝有冰塊的高球杯中，倒入龍舌蘭蘇打直至滿杯，並在液面滴上苦精，以烤威化餅為裝飾物。

Pulque soda

將龍舌蘭糖漿和水以 1:5 的比例混合，加入 3 顆茴香籽以及水果酵母，靜置 1 天後過濾即完成。

Tuile

將小麥粉、奶油和砂糖混合，放入烤箱烤製即完成。

這杯酒以「叢林探險」為發想，以充滿氣泡的口感，以及各式果物和發酵香氣為元素，整杯酒充滿茴香的香氣和百香果的酸甜滋味，以龍舌蘭製作而成的蘇打水則賦予其清爽的質地。

IPA GIN TONIC

45mL Gin infused with hop & orange peel

Tonic water

Pineapple foam

將琴酒直接注入裝有冰塊的高球杯中，再倒入通寧水直至滿杯，並擠上鳳梨泡沫。

Gin infused with hop & orange peel
在 700 毫升的琴酒中，加入 1 顆柳橙的橙皮和 15 克 Citra 啤酒花粉末，浸漬 3 小時，過濾即完成。

Pineapple foam
在 100 毫升的鳳梨汁中，加入一勺增稠劑粉末，倒入攪拌機，打成泡沫狀即完成。

在居酒屋裡，客人通常會先點啤酒來喝。在酒吧，則會以 Gin Tonic 作為第一杯飲品。IPA Gin Tonic結合兩者，而 IPA 擁有更強烈的啤酒花香氣和苦味，因此我在琴酒中浸漬了啤酒花和橙皮，鳳梨泡沫則讓口感更接近啤酒。

SIDE VIEW

30mL Brandy

20mL Cointreau

20mL Champagne syrup

20mL Pineapple shrub

Garnish: Orange peel

將所有材料放入雪克杯中，加入冰塊後以搖盪法混合酒液，倒入雞尾酒杯中。

Champagne syrup
將 250 毫升除去氣泡的香檳和 100 克白砂糖混合，加熱熬煮即完成，以冷藏保存。

Pineapple shrub
將 100 克鳳梨皮、100 克的細砂糖、40 毫升的蘋果醋和 350 毫升的鳳梨醋放入鍋中，加熱至細砂糖完全溶解，過濾後即完成，以冷藏保存。

改編自經典調酒 Sidecar。

在白蘭地和橙酒的基礎下，以鳳梨為酸味來源，甜味則來自香檳糖漿。在原有的風味下創造出嶄新的滋味。

CAMPA-CILLIN

45mL Campari

15mL Ginger honey

15mL Lemon juice

4 drops Sandalwood bitters

Garnish: Sandalwood smoke & Dry ginger

將古典杯倒放，蓋住燃燒中的檀木，使煙霧充滿杯中。

將所有材料放入雪克杯中，加入冰塊後以搖盪法混合酒液後，倒入裝有冰塊的古典杯中，以生薑乾為裝飾物。

Ginger honey
將生薑榨汁後，將生薑汁和蜂蜜以 1:2 的比例混合，加熱熬煮即完成，冷卻後冷藏保存。

Sam Ross 在 2005 年任職於紐約的 Milk & Honey 時，創作了一款名為 Penicillin 的雞尾酒，這杯酒即是受其啟發創作而出，擁有簡單卻美好的風味。

NUTS MOJITO

45mL Dark rum

30mL Frangelico

15mL PX Sherry

15mL Lime juice

Mint leaves

Soda

Garnish: Mint leaves & Hazelnut

將所有材料放入高球杯中，加入冰塊後，以薄荷葉和榛果為裝飾物。

Mojito 是一款非常有趣的調酒，調酒師能將自己的創意融於其中，讓風味產生各種變化。

這杯酒的甜味來自杏仁香甜酒和雪莉酒，前者帶來堅果的香氣，而雪莉酒則擁有如日本黑蜜般的香甜滋味，讓深色蘭姆酒的味道更加明亮，也為風味增添了層次。

BAR SLOPPY JOE

DRY GIN

Nobuhara Kunihiko
信原邦彥

二十歲時踏入酒吧產業，師承前輩八年後，於 2006 年在神戶開設 BAR SLOPPY JOE，至今已有二十五年調酒資歷。

對他來說，調酒師的工作不僅是提供飲品，而是時刻努力帶給眼前的客人愉悅和驚喜。除了調酒知識與技術，調酒師也必須具備好的品格，以及溫和、懂得感恩的態度，簡而言之，就是擁有一顆善良的心。

累積調酒資歷的同時，他也提醒自己保持對調酒的熱愛與初心，審視端出的每一杯酒，並持續鍛鍊對風味的敏銳度，才能自始至終提供美味的雞尾酒予客人。

隨著時代變遷，雞尾酒也不斷發生變化，而他對未來總是充滿期待，並努力精進自己，帶領年輕調酒師一同往前，這是他身為一名調酒師所給予自己的使命。

Ikuta Rimi
生田理実

在 BAR SLOPPY JOE 度過七年的調酒師時光，現居於廣島，以自由調酒師的身份任職於各家酒吧。

對她來說，酒吧是個令人嚮往的地方。無論身份或地位，每個身處其中的人都共同遵守著酒吧禮儀，並一起享受熱鬧的飲酒氛圍。

時刻保持酒吧空間的清潔，以及為客人提供令他們感到「心動」的雞尾酒，是她作爲一名調酒師所致力達成的目標。

為此，她不斷鑽研調酒技術，創作出符合現代趨勢並滿足客人口味的雞尾酒，努力在經典調酒和個人喜好、流行元素間，達到良好且靈活的平衡。

至今，她在各處酒吧中創造舒適的消費體驗，讓吧檯前的每位客人都擁有美好的飲酒時光。

BARTON
Underberg
nach
gutem Essen

Nakamura Raymond Hiroaki
中村レイモンド弘昭

出生於美國俄亥俄州，十六歲時移居日本，自 2020 年開始任職於 BAR SLOPPY JOE，並積極參與各項調酒賽事，也拿下亮眼的成績。

他說，作為調酒師，讓客人能在酒吧裡放鬆飲酒是職責之一，因此必須體察客人走進酒吧的原因，並給出相應的服務。面對一同前來的情侶，調酒師可以輕淺地參與他們的對話，最重要的是留給二人獨處空間，而面對獨自小酌的客人，就要讓對方能充分享受一個人的時光。

他所理解的調酒師的本質，是創造出客人在任何狀況下都能沉浸其中的氛圍。每間酒吧以不同的服務方式和調酒風格塑造其氛圍，對他來說，這正是酒吧吸引人的地方，也是樂趣所在。

「當顧客帶著笑容離開酒吧，這是作為一名調酒師最開心的時刻。」

——信原邦彥

Underberg
nach
gutem Essen

關於 BAR SLOPPY JOE

BAR SLOPPY JOE 展店於 2006 年，保留下神戶宜人、古老的氛圍，並融合經典且現代的裝潢風格。

店名發想自位於美國佛羅里達州的「SLOPPY JOE'S BAR」，其以文豪海明威（Ernest Miller Hemingway）為常客而聞名。我曾在 BAR PaPa Hemingway 當學徒，與海明威的緣分讓我決定以 SLOPPY JOE 為自己的酒吧命名。

主打以新鮮時令水果調製的雞尾酒，以及各式自創調酒，而 Daiquiri 和 Gimlet 是廣受客人喜愛的兩款經典調酒。店內亦提供豐富的威士忌、白蘭地、蘭姆酒和琴酒品項，酒飲以外，也有雪茄可以選購。

作為店主，我期許 BAR SLOPPY JOE 是一間栽培年輕調酒師的酒吧，將神戶的酒吧文化傳播至世界各地。歷任的夥伴都積極地參與調酒比賽，也於賽事中獲得優異的成績，現在他們各自在神戶和熊本開業，經營著自己的酒吧。

Creator: 信原邦彥

SLOPPY HIGHBALL

70mL Frozen Bulleit Bourbon

2 dashes Orange bitters

Frozen soda

Garnish: Orange peel

在冰鎮過的高球杯中加入苦精，直接注入威士忌後，倒入蘇打水，噴灑上柳橙皮油，以柳橙皮為裝飾物。

這是一款向美國佛羅里達州的 SLOPPY JOE'S BAR 致敬的酒款，以沒有使用冰塊的 Kobe Highball 為基礎，揉合波本威士忌與柳橙，創造出和諧的滋味。儘管酒裡沒有冰塊，口感仍十分滑順且容易飲用。

Creator: 生田理実

MUSUBI

25mL Kanade yuzu liqueur

15mL Haku Vodka

10mL Hermes green tea liqueur

10mL Grapefruit juice

2 Shiso

將所有材料放入雪克杯中，加入冰塊後以搖盪法混合酒液，經雙重過濾倒入雞尾酒杯中。

為 2022 年 Suntory Cocktail Award 決賽創作的作品。當時的題目為「表現當今的時代」，因此我以日本出產的酒揉合各式日式食材，並以柚子和紫蘇創造清爽的滋味。

Creator: 中村レイモンド弘昭

SINCERELY

20mL G'Vine Floraison Gin

10mL Yogurt liqueur

10mL Cranberry liqueur

10mL Fresh pineapple juice

10mL Sakura syrup

將所有材料放入雪克杯中，加入冰塊後以搖盪法混合酒液，倒入雞尾酒杯中。

這杯酒是我的原創雞尾酒，獲得了日本調酒大賽的青銅獎。

風味的關鍵是新鮮鳳梨汁。使用接近熟透狀態並帶點酸味的鳳梨，將其榨汁後加熱，讓整杯酒帶有凝縮的結實甜味。

Creator: 信原邦彥

BLACK MATADOR

40mL Tequila infused with coffee beans

50mL Fresh pineapple juice

5mL Fresh lime juice

1 tsp Agave syrup

將所有材料放入雪克杯中，加入冰塊後，以搖盪法混合酒液，倒入裝有冰塊的古典杯中。

Tequila infused with coffee beans
在龍舌蘭中浸漬深焙咖啡豆，靜置 5 天即完成。

改編自經典調酒 Matador，以浸漬過咖啡豆的龍舌蘭揉合新鮮的鳳梨汁，創造出新奇而美好的風味。

ANGEL CHEEK

Creator: 生田理実

25mL BACARDÍ Reserva Ocho

15mL Lejay strawberry liqueur

10mL Frangelico

1 tsp Monin popcorn syrup

10mL Fresh Cream

將所有材料放入雪克杯中，加入冰塊後以搖盪法混合酒液，倒入雞尾酒杯中。

以蘭姆酒為基底，創造出如奶油一般的絲滑口感，就像初戀一樣，讓人感覺甜蜜溫暖。

SILLAGE

Creator: 生田理実

35mL Rémy Martin 1738

10mL Cointreau

15mL Homemade citrus amazake

10mL Sakura syrup

10mL Fresh orange juice

將所有材料放入雪克杯中，加入冰塊後以拋擲法混合酒液，倒入雞尾酒杯中。

Homemade citrus amazake

將檸檬和萊姆的果汁擠出，在甘酒中浸漬其帶有果肉的果皮，以小火（過程不沸騰）加熱 5 分鐘，過濾後即完成。

揉合 Rémy Martin 1738 以及日本甜酒的溫和香甜，是一杯散發著櫻花和橙香的日式 Sidecar。

NEW YORK

Creator: 中村レイモンド弘昭

50mL Bulleit Bourbon

50mL Fresh lime juice

8mL Grenadine

1 tsp Sugar powder

將所有材料放入雪克杯中，加入冰塊後以搖盪法混合酒液，經雙重過濾倒入雞尾酒杯中。

New York 是一杯具有代表性的威士忌雞尾酒。

我以擁有較高裸麥比例以及低甜度的 Bulleit Bourbon 為基底，經過搖盪後打入大量空氣，讓酒的口感變得更加柔和且美味。

國家圖書館出版品預行編目 (CIP) 資料

日本雞尾酒 : 關西崛起 = Japanese cocktail : rising Kansai/
洪偉傑作 . -- 初版 . -- 臺北市 : 貳五有限公司 , 民 113.03
272 面； 17×23 公分

ISBN 978-626-95385-3-9(平裝)

1.CST: 調酒 2.CST: 日本關西

427.43 113004160

日本雞尾酒：關西崛起

Japanese Cocktail: Rising Kansai

作者｜洪偉傑
攝影｜久保元気
美術設計｜姜靜綺
總編輯｜劉奎麟
執行編輯｜姜靜綺
文字編輯｜姜靜綺
文字校對｜劉奎麟、Nicholas Coldicott
出版者｜貳五有限公司
地址｜台北市士林區承德路四段 9 巷 18 號一樓
電子信箱｜ tonicliu88@gmail.com
製版印刷｜國碩印前科技股份有限公司
代理經銷｜白象文化事業有限公司
地址｜ 401 台中市東區和平街 228 巷 44 號
電話｜ 04-22208589
出版日期｜中華民國 113 年 4 月
版次｜初版一刷
價格｜新台幣 580 元
ISBN ｜ 978-626-95385-3-9